EPR机组核安全分析基础

台山核电合营有限公司　编

中国原子能出版社

图书在版编目(CIP)数据

EPR 机组核安全分析基础 / 台山核电合营有限公司编 . —北京：中国原子能出版社，2019. 12
ISBN 978-7-5221-0340-2

Ⅰ. ①E… Ⅱ. ①台… Ⅲ. ①核电站—压水型堆—核安全—研究 Ⅳ. ①TL421

中国版本图书馆 CIP 数据核字(2019)第 295395 号

EPR 机组核安全分析基础

出版发行	中国原子能出版社(北京市海淀区阜成路 43 号　100048)
责任编辑	张　琳
装帧设计	崔　彤
责任校对	冯莲凤
责任印制	潘玉玲
印　　刷	保定市中画美凯印刷有限公司
经　　销	全国新华书店
开　　本	787 mm×1092 mm　1/16
印　　张	6. 625
字　　数	165 千字
版　　次	2019 年 12 月第 1 版　2019 年 12 月第 1 次印刷
书　　号	ISBN 978-7-5221-0340-2　　**定　价　52. 00 元**

网址：http://www.aep.com.cn　　**E-mail：atomep123@126.com**
发行电话：010-68452845

《EPR 机组核安全分析基础》

编　委　会

前　言

《EPR机组核安全分析基础》是总体介绍EPR技术核安全分析的教材，为已完成或已了解EPR系统基本配置、运行功能及技术规范和事故程序等内容的台山核电合营有限公司员工，学习和了解核安全分析的基本思路及安全遵守的控制要求而设置。

本教材的重点在于介绍核安全分析的基本思路，详细介绍了核安全分析以FSAR中的DBC/DEC事故分析为基础，结合安全设计理念，来最终确认安全设备/系统状态的变化对核安全的影响；并明确安全分析的目标是确认安全系统/设备状态的变化最终是否会对FSAR中事故分析的结果产生不利影响，而在分析过程中是在对比安全系统/设备状态的变化是否符合各种安全设计理念。

以专设安全设施系统的安全功能、安全分析和安全特性的详细介绍，将安全分析的总体思路和具体系统的安全分析阐述联系起来，并起到向本教材后续运行技术规范、事故(严重事故)下安全控制等章节的过渡。

再逐一对基于安全分析编制的“运行技术规范”、控制点程序、“安全相关系统、设备定期试验监督要求”、EOP、OSSA、灾害应对等核安全相关技术文件，分析介绍如何确保机组运行在安全限值、事故假设范围之内，并规定相关安全系统/设备可用性要求及验证方式，当出现不可用时应采取的措施，保证事故预防与缓解所需系统/设备的可靠性和可操作性。在事故发生后，通过执行与安全分析相符的应急运行程序及严重事故管理导则将堆芯带入相应的预期状态。

本书由台山核电合营有限公司核安全与执照部组织编写，编写人员包括余慧平、朱德龙、曹文龙、雷俊、李英讯、李永宁、孙雪峰、唐小强、王进、张冲、杨梓、陈江维、余笔华、邱学彬等，校审由核安全执照部管理层组织主持。全书由张冲负责通稿和编辑，核安全技术顾问组成员在全书的编辑中也做了大量工作。

本书内容可作为核电站管理层及员工学习和理解核安全分析逻辑基础的教材，也适用于各专业部门管理及员工进行核安全分析基础的相关培训；不能视作或用作为工作文件及决策方面的依据。

由于该书涉及的范围广和编者知识水平有限，书中难免有疏漏和不当之处，敬请读者指正，以使本书更加完善。在此，编者对您的关心和帮助，以及对其他支持和关心该书的领导和同事们一并表示衷心感谢！

编　者

2019 年 11 月

缩略语

ATWS	未能紧急停堆的预期瞬态
ASG	应急给水系统
CDF	堆芯熔化概率
EPR	中国先进欧洲压水堆
CI1	安全壳第一阶段隔离
CI2	安全壳第二阶段隔离
COT	堆芯出口温度
EVU	安全壳余热导出系统
DBC	设计基准工况
DCL	主控室空调系统
DEC	设计扩展工况
DWL	安全厂房通风系统
EBA	安全壳换气通风系统
EDE	安全壳环廊通风系统
EDG	应急柴油发电机组
EPW	爆炸压力波
ELAP	完全失去交流电源
EOP	应急运行程序
ETY	安全壳内大气监测系统
FB	燃料厂房
FSAR	最终安全分析报告
GRP	辐射防护组
HKS	硬核系统
IB LOCA	中破口失冷事故
IRWST	安全壳内换料水储存箱
JAC	消防水生产系统
JPI	核岛消防水系统
LB LOCA	大破口失冷事故
LCO	运行限制条件
LAA/D	220 V 不间断电源供应和分配系统(1/4 列)
LHA/D	10 kV 应急电源分配系统(1/4 列)
LHP/S	10 kV 应急柴油发电机组(1/4 列)
LHSI	低压安全注入

LOCA	冷却剂失去事故
LOOP	失去厂外电
LVP/S	400 V 不间断电源生产与分配系统(1/4 列)
MCR	主控室
MHSI	中压安全注入
OSSA	严重事故运行策略
OTS	运行技术规范
PDS	严重事故泄压管线
PED	应急副总指挥
PICS	过程信息控制系统
PTCN	定期试验完整性解释
PTR	定期试验导则
PS	保护系统
PSA	概率安全分析
RCV	化学与容积控制系统
RIS	安全注入和余热排出系统
RPR	反应堆保护系统
RPV	压力容器
RSC	堆芯熔融物稳定系统
SA	严重事故
SAB	安全辅助厂房
SAP	严重事故专用控制盘
SB LOCA	小破口失冷事故
SBO	全厂失电
SF	单一故障
SFC	单一故障准则
SG	蒸汽发生器
SGTR	蒸汽发生器破管
SI	安全注入
SICS	安全信息控制系统
SPPA-T2000	西门子电厂自动控制系统 T2000
TSC	技术支持中心

目　　录

第 1 章　EPR 安全分析基础

第 2 章　专设安全设施的安全分析

第 3 章 EPR 核安全控制与遵守

第1章 EPR安全分析基础

1.1 EPR技术导则

1.1.1 EPR技术导则背景介绍

这里介绍的EPR技术导则，实际上是针对欧洲三代压水堆，其英文名称为《Technical Guidelines for the Design and Construction of the Next Generation of Nuclear Power Plants with Pressurized Water Reactors》。

其是由法德两国核安全局于2000年发布，作为下一代压水堆核电厂设计和建造的技术导则。在EPR《最终安全分析报告》第1章第1.8.2.1.3节明确了EPR与该技术导则的关系：EPR的设计需遵守该技术导则中的相关内容。

1.1.2 EPR技术导则中与安全分析相关内容介绍及EPR实际设计

首先值得注意的是，该技术导则是在法德两国在运压水堆核电厂的基础上编写的，所以它并没有系统、完整地阐述对下一代压水堆核电厂的设计和建造的技术要求，而主要是阐述了相对法德两国在运压水堆当前的设计和建造，三代压水堆核电厂需要进一步提升的方面。

1.1.2.1 总体安全目标

在考虑不确定度及所有故障模式及灾害的情况下，总体堆芯损坏概率(CDF)应低于10^{-5}/堆·年。

实际设计：根据法马通提供的PSA分析文件①，EPR包括内部事件，内外部灾害事件在内的总体堆芯损坏概率为3.06×10^{-6}/堆·年。其中内部事件占比63%，内部灾害(火灾及水淹)占比11%，外部灾害占比26%。

1.1.2.2 对会导致大规模早期放射性释放的熔堆事故工况，在设计上必须考虑消除其发生的可能("Practical Elimination")

a) 高压熔堆

实际设计：在一回路稳压器上部设计有专门用于在相关事故工况下给压力容器降压的冗余设置的两路卸压管线，以避免高压熔堆。

b) 快速反应性引入事故

实际设计：在化学和容积控制系统的注入管道上设计有4个F1A级的硼表，用于在线监测向堆芯注入的冷却剂的硼浓度。在其监测到硼浓度异常低时会启动相应的保护隔离低硼浓度冷却剂注入。相比于只能探测均匀稀释的堆芯硼浓度测量仪表，该种设计可以避免

---

① 《TaiShan PSA-Quantification Process, PSA Results, Uncertainty and Sensitivity Studies》_ TS-X-NIEP-NPTJS-DC-83 C DES.

绝大部分[①]非均匀的快速稀释。而其他冷却一回路冷却剂的热交换器则在一回路冷却剂压力低于冷却水压力平台时提前隔离，比如主泵热屏/下泄非再生式热交换器。

c）熔融物导致的蒸汽爆炸

实际设计：在设计上保证在正常及事故（包括严重事故）工况下堆芯熔融物捕集区及扩展区处于无水状态，以避免压力容器外部产生的蒸汽爆炸。

d）安全壳内氢气爆炸

实际设计：安全壳内设置有47个带催化剂的氢气复合器。带有“两房”设计的安全壳内结构设计在相应事故工况下会破坏“两房”配置并有相应的氢气混合设计，防止局部的氢气浓度超过爆炸限值。

e）安全壳旁路

实际设计：对安全壳隔离阀可靠性的高要求管理；对安全壳环廊设置专门的通风系统以保证内层安全壳的泄漏不直接排向环路；对可能由蒸汽发生器传热管引起的旁路，蒸汽发生器二次侧设置有专门应对严重事故的隔离阀，以保证严重事故时可靠的放射性屏蔽。

f）乏燃料水池内燃料熔融

实际设计：乏燃料水池内乏料的存贮结构，燃料的最高富集度要求及对不同燃耗深度乏池的分区存贮避免了乏料重返临界的可能。在乏燃料失去主冷却时，可以由多样化的冷却方式进行冷却，其由SBO柴油机供电，由SRU/EVU供冷。

1.1.2.3 设计上需考虑对低压熔堆事故的缓解措施

a）不应存在安全壳直接向环境泄漏的可能路径。

b）在设计安全壳喷淋系统时需同时考虑其正反两方面的效应。

c）安全壳内的热量必须采用非直接排放方式导出，而且安全壳热量导出功能必须设计有后备手段。

d）安全壳设计必须可以保证能承受安全壳内可能的最大量氢气的总体爆燃（deflagration）及快速的局部爆燃。并且设计上需考虑预防局部爆炸（detonation）及由爆燃转变为爆炸的可能。同时还应考虑利用安全壳内部构件设计及使用催化装置来限制可燃气体的浓度。

e）必须避免安全壳厂房筏基被“熔穿”。

实际设计：设计有专门的堆芯熔融物捕集器与扩展冷却区，避免堆芯熔融物直接与筏基接触，并对其提供长期冷却。

1.1.2.4 安全论证方法

必须采用确定论进行安全论证并辅以概率论，而且除需要对单一初始事件进行论证外，还需要对多重失效工况进行论证分析，同时还需考虑内外部灾害的叠加。

1.1.2.5 安全分级及对应要求

对于DBC事故，把堆芯带到可控状态所需功能应为F1A级；把堆芯从可控状态带到并维持在安全停堆状态所需的功能应为F1B级。

对于多重叠加失效事故，把堆芯带到最终状态所需的功能应为F2级。

---

① 冷却一回路冷却剂的热交换器（冷却水侧大于冷却剂侧压力）无法通过此方法提前探测。

应对内外部灾害所需的功能应为 F2 级。

用于监视和维持事故分析初始条件的功能(LCO 功能①)及避免不必要的保护动作的功能(Limitation 功能②)应为 F2 级。

对于不同安全等级的功能,其相应的设计、设备制造/鉴定、运行管理均有不同的要求。所以,功能/系统/设备的安全分级的重要目标是,既保证安全相关的功能/系统/设备有足够的安全上的可靠性,又保证不会因为由于不合适的过高的功能/系统/设备设计制造标准和运行管理要求而增加电厂的成本。

表 1.1　安全分级与相应要求③

安全级系统	非能动单一故障准则	能动单一故障准则	实体和电气隔离	应急供电(主柴油发电机)	定期试验	质量保证	对设计基准地震的抗震设计(抗震 1 级)
F1A	有 系统层次1)	有 系统层次	有	有	有	有	有
F1B	有 功能层次2)	有 功能层次	有	有	有	有	有
F2	无	无	据系统具体功能确定	具体分析	有	有	逐个具体分析

注:1) 系统层次,指的是需要系统通过设计多列冗余来满足单一故障准则。

2) 功能层次,指的是可以通过其他安全系统能达到同样目的安全功能作为冗余来满足单一故障准则。

值得注意的是,由于人因失误作为一项很重要的需要在三代压水堆设计中加以考虑的失效因素,所以在设计上对主控室/现场手动操作有宽限期(grace period)的要求,给予主控室操纵员/现场操作员合理及充分的在相关事故情况下的操作时间以降低失效概率。具体对于 EPR,在主控室的操纵员的手动操作在设计上必须假设在相关事件发生 30 min 后才可得以实施,而现场操作在设计上必须假设在相关事件发生 1 h 后才可得以实施④。由于在设计上必须考虑该宽限期,那么在事故发生后短时间内需要投入的功能则必须设计成"自动"功能。而具体对于 EPR 而言,一般情况下 F1A 级功能须至少设计有"自动"投入模式⑤。

1.1.2.6　技术导则中提及的安全分析原则

- 原则上,只有 F1 级系统才可用于在事故中将堆芯带入并维持在安全停堆状态,非 F1 级设备只有在其投运时会使瞬态进一步恶化时需考虑其投运;
- 必须考虑最严重的单一故障;
- 预防性维修必须与最严重的单一故障同时考虑;
- 只有在事故发生 0.5 h 后才可考虑主控室的手动操作,事故发生 1 h 后才可考虑现场的手动操作。

---

① 值得注意的是,虽然是 F2 级功能,但由于是保证所有 DBC/DEC 事故分析成立的初始条件,所以在 OTS 中当其受影响时被定义为第 1 组事件。

② 值得注意的是,由于其非事故分析所需,所以在 OTS 中当其受影响时不会产生相应的事件。

③ 该表格引自 EPR_FSAR 3.2。

④ AP1000 由于采用大量的非能动设计,其允许的宽限期相当长,可达 72 h。

⑤ 例外情况,F1A 级功能被设计成手动,需证明其在事故 0.5 h/1 h 后投入对事故处理不造成影响。

1.2 FSAR中所考虑的事故

如前所述，EPR的安全分析是基于事故分析来进行的。

与IAEA相关导则一致，EPR事故类型分为DBC及DEC两大类(表1.2)。

表1.2　DBC与DEC事故

DBC	DBC1	正常运行工况
	DBC2	预期运行事件(10^{-2}/a<f)
	DBC3	稀有事故(10^{-4}/a<f<10^{-2}/a)
	DBC4	极限事故(10^{-6}/a<f<10^{-4}/a)
DEC	DEC-A	未导致堆芯熔化的复杂事故
	DEC-B	严重事故(堆芯熔化事故)

对于DBC，由于DBC1尚属于正常运行工况，所以FSAR中仅对DBC2-4事故进行了安全分析。FSAR中给出了这些事故的列表。FSAR还包括有叠加事故DEC-A及熔堆事故DEC-B的安全分析。

FSAR事故分析章节及所包括的具体事故列表见表1.3。

表1.3　EPR FSAR中的DBC 2-4及DEC-A事故

15.1	二次侧排热增加
15.1.1	引起给水温度下降的给水系统失灵(DBC-2)
15.1.2	引起给水流量增加的给水系统失灵(DBC-2)
15.1.3	二回路蒸汽流量过度增加(DBC-2)
15.1.4	一列SG蒸汽释放阀或一个安全阀意外开启(DBC-3)
15.1.5	包括SG连接管道破裂(≤DN50)的蒸汽系统小破口(<DN50)(DBC-3)
15.1.6	主蒸汽管道破裂(DBC-4)
15.1.7	一个SG蒸汽释放阀或一个SG安全阀(状态B)意外开启(DBC-4)
15.2	二次侧排热减小
15.2.1	汽轮机跳闸(DBC-2)
15.2.2	冷凝器失真空(DBC-2)
15.2.3	短期丧失厂外电源(<2 h)(DBC-2)
15.2.4	正常给水流量丧失(丧失所有给水泵和启停泵)(DBC-2)
15.2.5	丧失一个RIS/RHR冷却序列(DBC-2)
15.2.6	4组或1组主蒸汽隔离阀误关闭(DBC-3)
15.2.7	长期丧失厂外电源(>2 h)
15.2.8	包括连接到SG的管线破口(≤DN50)的给水系统管道小破口(<DN 50)(DBC-3)
15.2.9	给水系统管道破裂(DBC-4)
15.2.10	RIS连接至RHR模式的停堆状态下长期丧失厂外电源(DBC-4)

续表

15.2.11	反应堆误停堆(DBC-2)
15.2.12	失去一列乏燃料水池冷却系统或失去一列冷却系统的辅助支持系统(状态 A)(DBC-2)
15.2.13	长期厂外电源丧失(＞2 h)时乏燃料水池的冷却(状态 A)(DBC-3)
15.2.14	失去一列乏燃料水池冷却系统或失去一列冷却系统的辅助支持系统(状态 F)(DBC-3)
15.2.15	与乏燃料水池连接系统的可隔离故障(状态 A 至 F)(DBC-3)
15.2.16	不可隔离的小破口(DN＜50)或 RHR 模式下的 RIS 可隔离破口(DN＜250),造成的乏燃料水池排水(状态 E)(DBC-4)
15.3	反应堆冷却剂系统流量降低
15.3.1	堆芯冷却剂流量部分丧失(丧失 1 台 RCP 泵)(DBC-2)
15.3.2	反应堆冷却剂强迫流量全部丧失(4 台泵)(DBC-3)
15.3.3	反应堆冷却剂泵转子卡住(卡轴)或泵轴断裂(DBC-4)
15.4	反应性和功率分布异常
15.4.1	零功率下控制棒组件失控抽出(DBC-2)
15.4.2	功率运行工况下控制棒组件失控抽出(DBC-2)
15.4.3	不考虑限制功能的控制棒束失步(直至掉棒)(DBC-2)
15.4.4	在不适当的温度下启运停运的冷却剂环路(DBC-2)
15.4.5	引起反应堆冷却内的硼浓度降低的化学和容积控制系统故障(DBC-2)
15.4.6	燃料组件意外装载和运行在错误位置上(DBC-3)
15.4.7	停堆状态下控制棒组件失控抽出(DBC-3)
15.4.8	单组棒失控抽出(DBC-3)
15.4.9	控制棒组弹出(DBC-4)
15.4.10	热交换器传热管的不可隔离破裂引起的硼稀释(DBC-4)
15.5	反应堆冷却剂装量增加
15.5.1	引起反应堆冷却剂装量增加的 RCV 故障(DBC-2)
15.6	反应堆冷却剂装量减小
15.6.1	RCV 故障造成的反应堆冷却剂装量减小(DBC-2)
15.6.2	停堆状态下 RIS 系统处于是 RHR 模式时 RCP 水位失控下降(DBC-2)
15.6.3	蒸汽发生器传热管(1 根)破裂(DBC-3)
15.6.4	稳压器安全阀意外开启(DBC-3)
15.6.5	安全壳外一回路冷却剂管线(例如核取样管线)破裂(DBC-3)
15.6.6	功率运行时小破口失水事故(≤DN 50),包括应急硼化系统注入管线破裂(DBC-3)

续表

15.6.7	小破口失水事故(≤DN 50)(停堆工况下 RIS 未以 RHR 模式接入),包括应急硼化系统注入管线破裂(DBC-3)
15.6.8	蒸汽发生器传热管(1 台蒸汽发生器的 2 根传热管)破裂(DBC-4)
15.6.9	中破口和大破口失水事故(功率运行及停堆状态)(DBC-4)
15.6.10	RIS 以 RHR 模式接入的停堆工况下的小破口(<DN 50)失水事故,包括应急硼化系统注入管线破裂(DBC-4)
15.6.11	安全壳内(外)余热排出系统破口(可隔离)(≤DN 250)(停堆状态)(DBC-4)
15.6.12	专用卸压装置误开启(功率运行及停堆状态)(DBC-4)
15.7	系统或设备的放射性释放
15.7.1	废气处理系统泄漏
15.7.2	废物厂房系统泄漏
15.7.3	燃料装卸事故
15.7.4	核辅助厂房系统泄漏
15.8	反应堆冷却剂系统压力升高/降低
15.8.1	稳压器误加热(DBC-2)
15.8.2	稳压器误喷淋(DBC-2)
15.10	DBC-2 及初始状态为“状态 C/D/E”的 DBC-3/4 叠加丧失厂外电源
15.10.1.1	引起给水温度下降的给水系统失灵叠加丧失厂外电源
15.10.1.2	引起给水流量增加的给水系统失灵叠加丧失厂外电源
15.10.1.3	二次侧蒸汽流量过度增加叠加丧失厂外电源
15.10.2.1	汽轮机跳闸叠加丧失厂外电源
15.10.2.2	凝汽器失真空叠加丧失厂外电源
15.10.2.3	短期丧失厂外电源(<2 h)叠加丧失厂外电源
15.10.2.4	正常给水流量丧失叠加丧失厂外电源
15.10.2.5	一列 RHR 模式的 RIS 冷却列丧失叠加丧失厂外电源
15.10.2.6	反应堆误停堆叠加丧失厂外电源
15.10.3.1	堆芯冷却剂流量部分丧失(失去一台 RCP 泵)叠加丧失厂外电源
15.10.4.1	零功率下控制棒组失控抽出叠加丧失厂外电源
15.10.4.2	功率运行时控制棒组失控抽出叠加丧失厂外电源
15.10.4.3	不考虑限制功能的控制棒束失步(直至掉棒)叠加丧失厂外电源
15.10.4.4	在不适当的温度下启运停运的冷却剂环路叠加丧失厂外电源

续表

15.10.4.5	引起反应堆冷却剂内的硼浓度降低的化学和容积控制系统故障叠加丧失厂外电源
15.10.4.8	单组棒失控抽出叠加丧失厂外电源
15.10.5.1	引起反应堆冷却剂装量增加的 RCV 故障叠加丧失厂外电源
15.10.6.1	RCV 故障造成的反应堆冷却剂装量减小叠加丧失厂外电源
15.10.6.2	停堆状态下 RIS 系统处于 RHR 模式时 RCP 水位失控下降叠加丧失厂外电源
15.10.6.10	RIS 以 RHR 模式接入的停堆工况下的小破口(<DN 50)失水事故，包括应急硼化系统注入管线破裂，叠加丧失厂外电源
15.10.6.11	安全壳内(外)余热排出系统破口(可隔离)(≤DN 250)(停堆状态)，叠加丧失厂外电源
15.10.8.1	稳压器误加热叠加丧失厂外电源
15.10.8.2	稳压器误喷淋叠加丧失厂外电源
DEC-A	
19.1.1	排热减小
19.1.1.1	丧失全部给水事故
19.1.1.2	全厂断电事故(状态 A)
19.1.1.3	完全丧失冷链(停堆状态)
19.1.1.4	在换料停堆(状态 F)/全厂断电期间丧失燃料水池两条 PTR 主冷却列
19.1.1.5	丧失最终热阱 100 h
19.1.2	反应性和功率分布异常
19.1.2.1	VCT 未能由防稀释信号隔离的均匀稀释(状态 B,C,D)
19.1.3	反应堆冷却剂装量减小
19.1.3.1	完全丧失设备冷却水导致 RCP 泵轴封泄漏(状态 A)
19.1.3.2	小破口失水事故中部分冷却丧失
19.1.3.3	小破口失水事故中中压安注丧失
19.1.3.4	小破口失水事故中低压安注丧失
19.1.3.5	RCP 水位不受控下降事故中失去反应堆保护系统的安注信号(停堆状态)
19.1.4.1	控制棒故障引起的 ATWS(未能停堆的预期瞬态)
19.1.4.1.1	主给水系统丧失叠加控制棒故障引起的 ATWS
19.1.4.1.2	丧失厂外电源叠加控制棒故障引起的 ATWS
19.1.4.1.3	稳压器误喷淋叠加控制棒故障引起的 ATWS
19.1.4.1.4	二回路蒸汽流量过度增加叠加控制棒故障引起的 ATWS
19.1.4.2	反应堆保护系统故障引起的 ATWS
19.1.4.2.1	主给水系统丧失叠加反应堆保护系统故障引起的 ATWS

续表

19.1.4.2.2	丧失厂外电源叠加反应堆保护系统故障引起的 ATWS
19.1.4.2.3	稳压器误喷淋叠加反应堆保护系统故障引起的 ATWS
19.1.4.2.4	小破口失水事故叠加反应堆保护系统故障引起的 ATWS

1.3 FSAR 事故分析基本原理

1.3.1 事故分析中用到的重要概念

1.3.1.1 安全分析状态(Safety Analysis Domain)

“安全分析状态”与“运行模式”并不一一对应，其对应关系见表 1.4。在 FSAR 事故分析中的事故前初始状态是按“安全分析状态”来划分的，而不是我们通常所说的在 OTS 中见到的“运行模式”。

表 1.4 “安全分析状态”与“运行模式”对应关系

<table>
<tr><th>安全分析状态</th><th>运行模式</th><th>标准工况</th><th>RCP 状态</th></tr>
<tr><td rowspan="4">A</td><td rowspan="2">功率运行模式
RP</td><td>功率运行</td><td rowspan="7">关闭</td></tr>
<tr><td>热备用</td></tr>
<tr><td rowspan="4">蒸汽发生器冷却
正常停堆模式
NS/SG</td><td>热停堆</td></tr>
<tr><td>SG 冷却的中间停堆
且 $P_{RCP} \geq 130$ bar</td></tr>
<tr><td rowspan="2">B</td><td>SG 冷却的中间停堆
且 $P_{RCP} < 130$ bar</td></tr>
<tr><td>满足 RIS-RHR 连接条件的
SG 冷却的中间停堆</td></tr>
<tr><td rowspan="3">C</td><td rowspan="2">RIS-RHR 冷却正常
停堆模式
NS/RIS-RHR</td><td>RIS-RHR 冷却的
中间停堆</td></tr>
<tr><td>正常冷停堆</td><td>开启
RCP 可升压</td></tr>
<tr><td rowspan="2">维修停堆模式 MCS</td><td rowspan="2">维修正常冷停堆
(RCP 不可升压)</td><td>开启
RCP 不可升压
反应堆堆池不可充水</td></tr>
<tr><td>D</td><td rowspan="2">开启
RCP 不可升压
反应堆堆池可充水</td></tr>
<tr><td>E</td><td>换料停堆模式 RCS</td><td>换料正常冷停堆</td></tr>
<tr><td>F</td><td>完全卸料模式 RCD</td><td>完全卸料</td><td>—</td></tr>
</table>

“安全分析状态”划分状态的原则主要是依据重要安全功能可用性。具体参考表 1.5。

表 1.5 “安全分析状态”划分原则

<table>
<tr><th>安全分析状态</th><th>运行模式</th><th>标准工况</th><th>RCP 状态</th></tr>
<tr><td rowspan="4">A①</td><td rowspan="2">功率运行模式
RP</td><td>功率运行</td><td rowspan="7">关闭</td></tr>
<tr><td>热备用</td></tr>
<tr><td rowspan="4">蒸汽发生器冷却
正常停堆模式
NS/SG</td><td>热停堆</td></tr>
<tr><td>SG 冷却的中间停堆
且 $P_{RCP} \geqslant 130$ bar</td></tr>
<tr><td rowspan="2">B②</td><td>SG 冷却的中间停堆
且 $P_{RCP} < 130$ bar</td></tr>
<tr><td>满足 RIS-RHR 连接条件的
SG 冷却的中间停堆</td></tr>
<tr><td rowspan="3">C③</td><td rowspan="2">RIS-RHR 冷却
正常停堆模式
NS/RIS-RHR</td><td>RIS-RHR 冷却的中间停堆</td></tr>
<tr><td>正常冷停堆</td><td>开启
RCP 可升压</td></tr>
<tr><td rowspan="2">维修停堆模式 MCS</td><td rowspan="2">维修正常冷停堆
（RCP 不可升压）</td><td>开启
RCP 不可升压
反应堆堆池不可充水</td></tr>
<tr><td>D④</td><td rowspan="2">开启
RCP 不可升压
反应堆堆池可充水</td></tr>
<tr><td>E⑤</td><td>换料停堆模式 RCS</td><td>换料正常冷停堆</td></tr>
<tr><td>F</td><td></td><td>完全卸料</td><td>—</td></tr>
</table>

注：① 状态 A 与 B 是通过 P12（$P_{RCP}=130$ bar）信号的生效/未生效及其所生效和闭锁的相关保护功能来界定的（比如，生效 ΔPsat 低安注功能及闭锁一些与蒸汽发生器压力相关的保护）。

② 状态 B 与 C 是通过 RIS-RHR 是否连接及其所生效和闭锁的相关保护信号来界定的（比如，闭锁低压安注的自动启动功能，生效环路水位低安注功能，生效使 PZR 安全阀定值降低以避免冷态超压）。

③ 状态 C 与 D 通过蒸汽发生器是否可能用于冷却堆芯来界定的。当反应堆堆池处于可充水状态时（反应堆大盖至少已提升 25 cm），蒸汽发生器将完全不可能再用于堆芯冷却。

④ 状态 D 与 E 是通过燃料传输通道是否打开，是否将乏燃料水池与反应堆堆芯连接来界定的。相关生效/闭锁的功能包括乏燃料水池水位低时对堆池排水隔离的自动动作。

⑤ 状态 E 与 F 是通过反应堆厂房是否有燃料来界定的。

1.3.1.2 “物理状态”

“物理状态”定义的是在事故处理过程中要将堆芯带到的一种过渡的或者最终的安全状态。对于 DBC/DEC-A，物理状态是分开定义的。

DBC 事故：

可控状态(Controlled state)

安全状态(Safe shutdown state)

DEC-A 事故：

最终状态(Final state)

上述三种“物理状态”的定义：

可控状态

- 堆芯次临界；
- 堆芯热量在短期内可导出，比如，利用 SG 导出；
- 堆芯水装量稳定；
- 放射性释放水平可接受。

注意：对于乏池相关 DBC 事故，可控状态定义为乏料余热在短期内可导出。

安全停堆状态

- 堆芯次临界；
- 堆芯余热长期可导出，比如，利用 RHR 导出；
- 放射性释放水平可接受。

最终状态

- 堆芯次临界；
- 堆芯余热可由一回路或二回路系统导出，比如，利用 EVU/SRU 导出；
- 放射性释放水平可接受。

上述定义只是基于定性的描述。关于这些目标的具体准则会在 FSAR 中相应事故分析中给出。比如，堆芯水装量稳定具体的标准是指堆芯水位可以维持在主环路管道底部水位以上。

1.3.1.3 “安全特性”

“安全特性”是实现某个安全功能/状态功能的最小单元。在事故处理时，我们是用一个个“安全特性”来实现对堆芯状态的有效控制，将堆芯带入前述所说的安全状态。

例如，对于 APG 系统而言，通过对 FSAR 中所有事故的分析得到下列 APG 系统需要实施的安全功能：

APG-SF-01

Isolation of steam generator blowdown lines

蒸汽发生器排污管线隔离

APG-SF-02

Opening the transfer line of a pair of SGs

相连蒸汽发生器间传输管线开启

APG-SF-03

APG containment isolation stage 1

参与安全壳第 1 阶段隔离

APG-SF-04

APG containment isolation in severe accident

参与严重事故下的安全壳隔离

1.3.1.4 安全分级

安全分级是指根据对事故处理的重要性，对前述安全特性进行分级。安全分级的最基本原则如图 1.1。

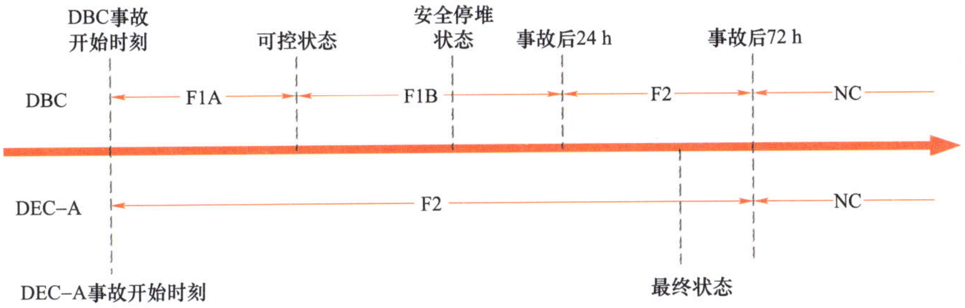

图 1.1 "物理状态"与功能安全分级

在对安全特性进行分级后，再将其分级扩展到实现这一安全特性的相关设备上。其总的原则是：

参与实现 Fx 级安全特性的设备，其安全分级必须为 Fx 级。

如前所述，安全分级的目的是既保证安全相关的功能/系统/设备有足够的安全上的可靠性又保证不会因为由于不合适的过高的功能/系统/设备设计制造标准和运行管理要求而增加电厂的成本。

1.3.2 事故分析基本方法

1.3.2.1 DBC 事故分析基本原则(表 1.6)

- DBC 事故分析针对每个具体的初始事故采用的是确定论方法；
- DBC 事故分析的验收准则根据事故预计发生频率不同而有所不同。

表 1.6 DBC 事故分析验收准则

	1	2	3	4	5	6
DBC-2	将堆芯带到并维持在安全停堆状态	燃料包壳不发生 DNB	无燃料熔化			
DBC-3/4（LOCA 除外）	将堆芯带到并维持在安全停堆状态	燃料包壳不发生 DNB 数量不超过 10%	燃料热点处的熔化量不超过 10%	燃料包壳温度低于 1 482 ℃		
LOCA	将堆芯带到并维持在安全停堆状态	燃料包壳氧化率低于包壳厚度 17%	氢气产生量低于 1%	燃料包壳温度低于 1 200 ℃	堆芯结构形化后仍然可保证其冷却	堆芯长期冷却可保证

- 为保证事故分析验收准则得到满足，相关事故分析初始条件(即事故假设，而包括不确定度/死区/响应时间)须在事故前得到满足。

• 落棒时间需考虑地震工况。

• 必须考虑手动操作的宽限期：主控室人机界面上的操作，其宽限期为 30 min；现场操作，其宽限期为 1 h。

• DBC 事故分析中仅可依靠 F1 级功能（到达可控状态仅可依靠 F1A 级功能，从可控状态到安全停堆状态仅可依靠 F1A 及 F1B 级功能），只有极少数的非 F1 级功能在满足相应原则的情况可作为例外在 DBC 事故分析中认为可用。

—如果非 F1 级功能可用时对事故有“恶化”作用，则在相应的事故分析中应假设其可用。

—如果事故对非 F1 级功能无影响（对其运行状态/环境均无影响），而且该非 F1 级功能在事故前已经在运行，则在相应事故分析中可认为其保持运行。

—跳机及发电机解列可用于 DBC 事故分析，虽然其不是安全功能。

• F1 级功能可用性需采用“保守”方法考虑，具体指，需考虑 F1 级功能的设备的不确定度/触发阈值的不确定度/设备所处的可能的最恶劣环境。

• DBC 事故分析中需要考虑一个且仅考虑一个“单一故障（SF）”，而且应选择对相关事故分析安全准则达到影响最大的故障。但如下事件不作为 SF 考虑：安注罐出口逆止阀无法开启/SGTR 时 VVP 主蒸汽隔离阀无法关闭/PZR 安全阀开启后无法关闭。

• DBC 事故分析中需要考虑预防性维修导致的安全功能不可用。

• DBC 事故分析中需考虑是否同时叠加 LOOP。

1.3.2.2　DEC-A 事故分析基本原则

• DEC-A 事故分析针对具体的事故采用的是确定论方法。

• 专门用于 DEC-A 事故的安全特性，其分级应为 F2 级。

• 为保证事故分析验收准则满足，相关事故分析初始条件（包括不确定度/死区/响应时间）须在事故前得到满足。

• 必须考虑手动操作的宽限期：主控室人机界面上的操作，其宽限期为 30 min；现场操作，其宽限期为 1 h。

• DEC-A 事故分析中可使用 F1 级功能及非 F1 级功能①。

• DEC-A 事故分析中不需要考虑叠加“单一故障”。

• DEC-A 事故分析中不需要考虑预防性维修导致的安全功能不可用。

• DEC-A 事故分析中不需要考虑叠加 LOOP。

1.3.2.3　事故分析步骤

以下以状态 A 下的一回路小破口为例，描述 FSAR 事故分析的一般步骤，见图 1.2 及表 1.7。

---

① 使用的非 F1 级功能的失效对 CDF 的影响在 PEPS-F DC 20047 中有分析，其结论是这些非 F1 级功能的失效不会使总的 CDF 超出限值。

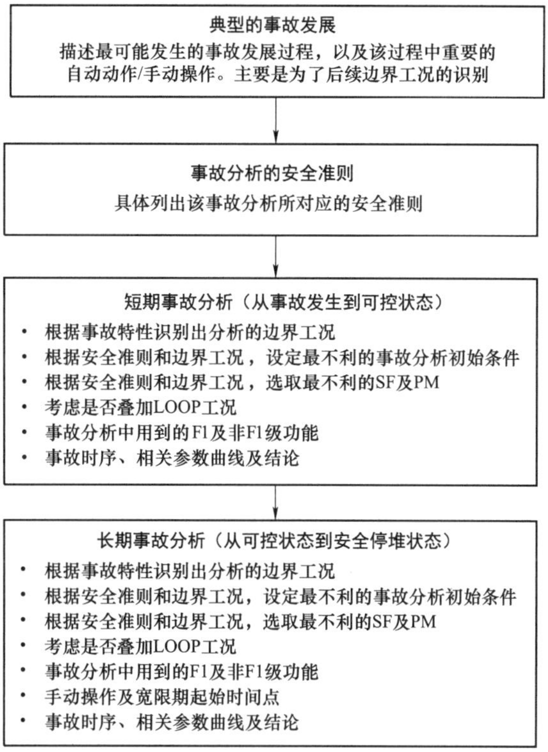

图 1.2 DBC 事故分析的一般步骤

表 1.7 一回路小破口事故分析步骤

	FSAR 15.6.6_SB LOCA_State A_DBC 3
—典型的事故发展 描述最可能发生的事故发展过程，以及该过程中重要的自动动作/手动操作。主要是为了后续边界工况的识别	—事故发生到可控状态 • 破口导致 RCP 压力/水位下降 • PZR P MIN2 触发跳堆、ARE FL 隔离 • 堆芯由 GCT/VDA 冷却 • SG 由 ARE LL 供水 • PZR P MIN3 触发安注，MHSI/LHSI/PC 自动动作 • PC 使 RCP 压力快速下降至 MHSI 可注入水平 • ΔPsat 低＋SI 触发主泵自动跳闸 • RCP 压力下降，破口流量与 MHSI 注入流量平衡，堆芯水装量稳定（可控状态达到） —可控状态到安全停堆状态 • 用 MHSI/RBS 将堆芯硼化至安全停堆所需硼浓度 • 用 VDA 将堆芯冷却至 RHR 连接条件 • 通过隔离中压罐/打开 MHSI 分流阀/停运 MHSI，并用正常喷淋/辅助喷淋/PSRV 将堆芯降压至 RHR 连接条件 • 连接 RHR 以冷却堆芯 • 保留一列 LHSI 在 SI 模式以补水并冷却 IRWST

续表

	FSAR 15. 6. 6_SB LOCA_State A_DBC 3
—事故分析的安全准则 具体列出该事故分析所对应的安全准则	—堆芯未出现裸露(其可保证前述 LOCA 工况的准则 2/3/4 得到满足) —堆芯可被带到并维持在安全停堆状态(可保证前述 LOCA 工况的准则 1/5/6 得到满足)
—短期事故分析(从事故发生到可控状态) 1. 根据事故特性识别分析的边界工况 2. 事故分析初始条件 初始条件设置原则:根据要达到的事故分析安全准则/边界工况,在允许的范围内设置为最不利的情况 3. SF & PM 选取 SF&PM 选取原则:根据要达到的事故分析安全准则/边界工况,选取对达到安全准则最不利的 SF/PM 4. 考虑是否叠加 LOOP 5. 事故分析中用到的 F1 级/非 F1 级功能(安全特性)及说明 6. 事故时序、相关参数曲线及结论	1. 识别出的需要分析的边界工况: SB-LOCA 对应的最大破口尺寸,破口位于冷端(使破口流量最大且使对应的 RIS 注入失效) 2. 堆芯初始功率:102%NP 3. SF:非破口列对应的 RRI 失去(导致相应列的 MHSI/LHSI 失去) PM:非破口列/非 SF 列的 RRI 失去(导致额外的一列 MHSI/LHSI 失去) 4. 不考虑叠加 LOOP:主泵的运行可使破口流量增加,进一步使堆芯水装量状况恶化 5. F1 级功能:RT/TT/ARE FL ISO/SI/PC/主泵自动跳闸/VDA/ASG 非 F1 级功能:PZR 压力控制在事故过程中正常运行。理由:PZR 压力控制正常运行会使下降中的 RCP 压力最大化,从而使破口流量增加,进一步使堆芯水装量状况恶化 6. 破口出现的 47 min 后,破口流量与 MHSI 流量平衡,可控状态到达;整个过程中堆芯始终被淹没。短期事故分析安全准则达到
—长期事故分析(从可控状态到安全停堆状态) 1. 根据事故特性识别分析的边界工况 2. 事故分析初始条件 3. SF & PM 选取 4. 考虑是否叠加 LOOP 5. 事故分析中用到的 F1 级/非 F1 级功能(安全特性)及说明 6. 事故分析中用到的手动操作及其宽限期的起始时间点 7. 事故时序及相关参数曲线	1. 识别出的需要分析的边界工况 a. 对于堆芯热工水力计算 Only 1Case:位于冷端的 SB-LOCA 允许的最大尺寸破口 b. 对于反应性控制计算 Case1:对应于仅依靠 1 列 MHSI 就可以保证在冷却至 RHR 连接条件过程中堆芯始终处于次临界的最小破口 Case2:对应于 MSHI/RBS 注入可保证在冷却至 RHR 连接条件过程中堆芯始终处于次临界的最小破口 2. 初始条件 a. 对于热工水力:102%NP 的初始堆芯功率 b. 对于反应性控制:260℃的初始冷端温度、0 ppm 的初始硼浓度 3. SF & PM a. 对于热工水力:1EDG(SF)+1EDG(PM)(由于考虑了 LOOP,所以失去 1 列 EDG 导致失去相应列的 MHSI/LHSI/ASG/RBS 为最不利故障) b. 对于反应性控制:价值最大的一束停堆棒卡在堆顶(SF) 4. 需考虑 LOOP,理由:叠加上 SF/PM 会导致在长期阶段更多的安全功能不可用

续表

	FSAR 15.6.6_SB LOCA_State A_DBC 3
	5. F1 级功能:RT/TT/ARE FL ISO/SI/PC/VDA/ASG/RBS 非 F1 级功能:PZR 压力控制/ARE 流量为 0 6. 手动操作:RCP BOR/RCP Cooldown/MHSI Stop/安注罐隔离/MSIV 隔离/RHR 连接 MCR 的第一个操作从跳堆 30 min 后可进行 7. 结论:对于大于 4.6cm^{2}的破口,仅凭一列 MHSI 即可保证次临界;对于小于 4.6 cm^{2}的破口,MHSI+RBS 可保证次临界

1.4 FSAR 事故分析下游的安全文件

与 FSAR 事故分析直接相关的下游的安全文件主要包括有①:

- 运行技术规范
- 安全相关系统和设备定期试验监督要求
- 灾害管理
- 堆芯启动物理试验监督大纲
- 应急运行程序
- 严重事故管理导则

《运行技术规范》与《安全相关系统和设备定期试验监督要求》用以保证 FSAR 事故分析中的所有分析均是成立的(比如,事故分析基本原则均得到遵守,事故分析中使用到的功能(安全特性)均可用),事故分析安全准则是可达到的。应急运行程序则在发生相关事故时,以 FSAR 事故分析中的重要操作为“safe path”,结合对机组当时实际情况的判断,以可直接执行的方式来处理事故,将堆芯带入安全停堆状态/最终状态。

如前所述,《运行技术规范》中的主要内容是体现来源于 FSAR 事故分析的“要求”,而《安全相关系统和设备定期试验监督要求》则是明确哪些“要求”是需要通过试验的方式来验证其得到满足。

从 FSAR 事故分析到《运行技术规范》/《安全相关系统和设备定期试验监督要求》主要内容的过程可简要描述如图 1.3。

应急运行程序属于事故工况时的可执行程序。在事故初始条件及设备可用性均得到满足的情况下,通过正确执行应急运行程序将堆芯成功带到相应的“物理状态”。总的来说,通过应急程序可处理的事故应至少包括 FSAR 中所分析过的事故②,但并不限于此。由于应急运行程序是以“现实”(Realistic)的方法编写的,即其不仅仅只用 FSAR 事故分析中所涉及的安全功能,而是利用“现实”所有可用的功能来处理事故,FSAR 事故分析中的安全功能仅作为应急运行程序编写时的“Safe Path”。

① 《运行技术规范》《安全相关系统和设备定期试验监督要求》及《堆芯启动物理试验监督大纲》均属于 FSAR 的子章节。

② 与堆芯状态完全无关的事故,比如,放射性意外释放/燃料操作事故,有专门的程序处理,并不包括在整套应急运行程序中。

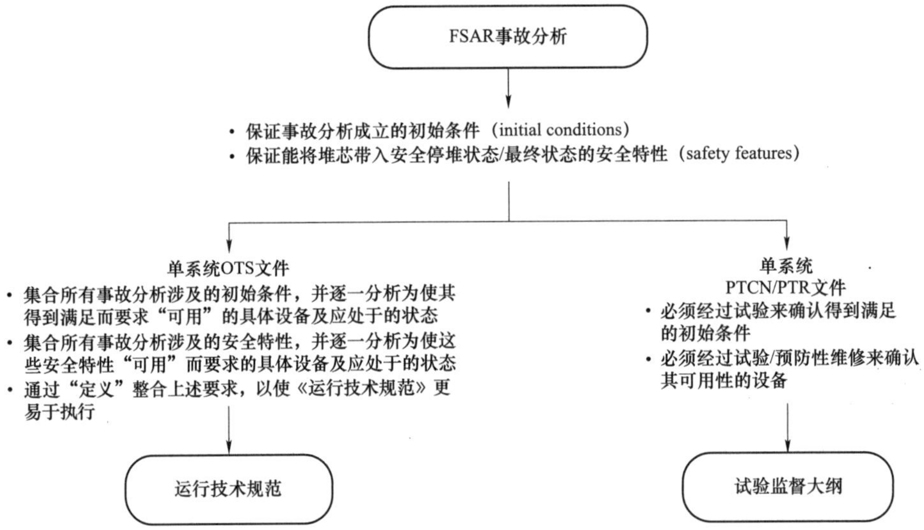

图 1.3　FSAR 与下游文件

第2章 专设安全设施的安全分析

反应堆专设安全设施的主要作用就是减轻事故所造成的后果，特别是在反应堆发生事故（如一回路主系统发生失水事故，或二回路蒸汽/给水管道发生破裂事故、蒸汽发生器传热管破裂、失电等）停堆后的短期和长期阶段内，启动专设安全设施，保证堆芯处于次临界、排出堆芯余热和保证安全壳的完整性，防止放射性物质扩散，以保护环境、保护公众和电厂工作人员的安全。

专设安全设施包括：

（1）安全注入系统（RIS，冗余度 4×100%）

（2）应急给水系统（ASG，冗余度 4×50%）

（3）安全壳热量导出系统（EVU，冗余度 2×100%）

（4）应急硼化系统（RBS，冗余度 2×100%）

（5）专设重要冷却水系统（SRU，冗余度 2×100%）

（6）蒸汽大气排放系统（VDA，4 列总的排放能力为 50%正常蒸汽流量）

（7）堆芯熔融物稳定系统（RSC）

（8）可燃气体控制系统（ETY1/2/3）

（9）安全壳环廊通风系统（EDE）

（10）安全壳隔离系统（EIE）

本章节将依次介绍前 7 个专设安全设施的安全功能、安全分析状态及对应的主要安全特性。

2.1 安全注入系统(RIS)

2.1.1 系统配置

RIS/RHR 共有 4 列，每列均能保证 100%的功能要求，见图 2.1。

其中每列包括：

1）一台中压安注泵 MHSI（$\Delta P=98.5$ bar. a，流量 250 t/h）；

2）一台低压安注泵 LHSI（$\Delta P=20$ bar. a，流量 540 t/h），其中 1&4 列泵的电机是由 DEL 进行冷却的，2&3 列泵的电机是由 RRI 进行冷却的，从而保证专设安全设备的多样化冷却。

3）一台由 RRI 冷却的热交换器（$Ks=1.55$ MW/℃）；

4）一台由氮气覆盖的安注罐（45 bar. a$<P<$49 bar. a，30 m$^3<V_{水}<$35 m^3，$V_{总}=$47 m^3，1 540 ppm$<Cb<$1 730 ppm）。

安注系统设置成 4×100%冗余是为了保证在功率运行时，一列预防性维修，另一列发生单一故障，还有一列连接在事故中出现破口的环路，仍然能有一列保证 100%安注功能。

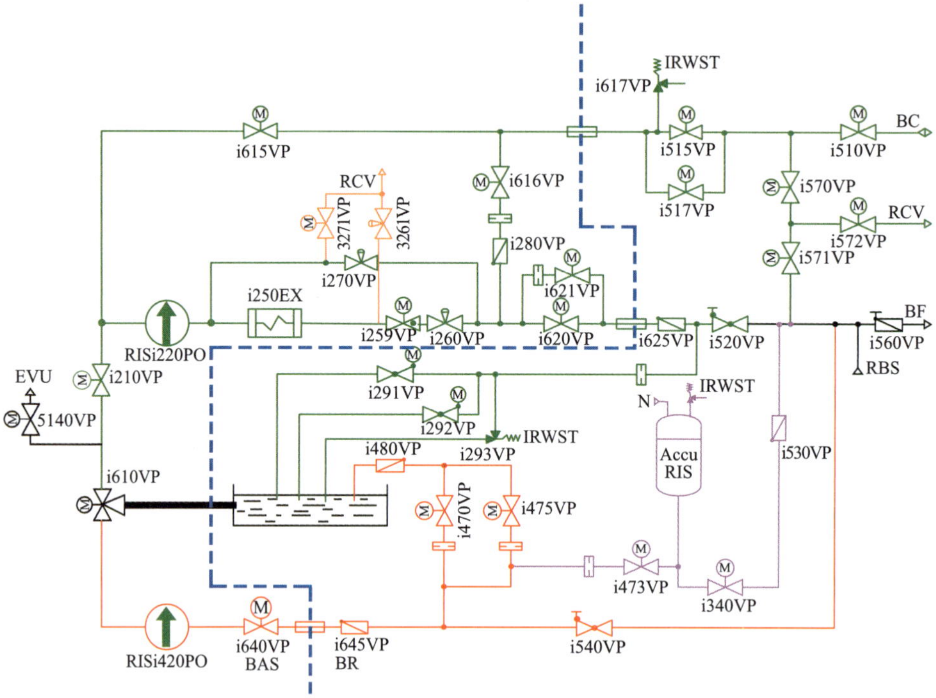

图 2.1　RIS/RHR 系统简图

但其中也涉及安全分析的部分特殊情况，例如：中压安注罐并不是互相冗余的关系，事故分析中由所有安注罐共同保证 LOCA 情况下的水装量，因此与 LHSI/MHSI 的要求不一样，比如一列安注罐不可用，在除 RCD 模式外的其他模式均是第 1 组事件。

其中，中压安注泵的最大压力 $\Delta P_{\max}=97$ bar. a，因此可以防止在误安注、SGTR 等工况下，使一回路压力因安注导致过高达到 PZR 安全阀开启定值产生 LOCA，或加大 SGTR 的泄漏量。

2.1.2　安全功能

2.1.2.1　反应性控制

在发生事故的情况下（DBC-3、DBC-4、DEC-A 和 2A-LOCA），RIS 系统以 SI 模式从 IRWST 抽取含硼水注入反应堆冷却剂系统，用来控制堆芯的反应性。当 RIS 系统向 RCP 系统注水的时侯，IRWST 将提供充足且均匀的含硼水，用来保证堆芯的次临界。

2.1.2.2　余热排出

以 RHR 模式在 DBC 和 DEC-A 事故情况下运行时，RIS/RHR 将导出裂变产物的衰变热和冷却剂的显热，将反应堆从 SG 冷却的最初冷停堆阶段带到和维持在安全停堆状态。

事故工况下，RIS 以 SI 模式保证堆芯水装量。

堆芯余热导出包括以下主要功能：

1）在丧失冷却剂的事故情况下，向堆芯注入含硼水避免堆芯裸露和限制燃料包壳的温升峰值。

2）以 RHR 模式运行时，若发生意外跑水或 SB-LOCA 事故，则利用 MHSI 将 IRWST 水注入一回路以维持合适的环路水位，此时，需开启 RIS 分流管线以降低 MHSI 泵出口压力。

3）在设计的余热导出方式失败的 DEC-A 工况下通过 PZR 安全阀泄压和 MHSI 泵补泄方式导出堆芯余热。

4）冷却和搅拌反应堆厂房内的换料水箱 IRWST。在安全壳内的 IB-LOCA 和 2A-LOCA 工况下，冷却和搅混 IRWST 有利于将剩余热量带出安全壳，限制 RIS 注入水的温度。

5）在严重事故(DEC-B)下，确保向堆芯熔融物注水使其冷却。

2.1.2.3　放射性包容

为了保护安全壳，在 LOCA 事故下，RIS 能减少蒸汽向安全壳内的释放，同时 RIS 也构成了一个放射性物质的屏障，尤其是位于安全壳外的部分。因此 RIS 要在设计上限制 RCP 和 RIS 的超压以及安全壳的旁路。为了限制在 SGTR 事故下安全壳旁路，MHSI 泵的压头低于主蒸汽安全阀的开启定值。

2.1.3　安全分析状态及安全特性

以安全分析状态 A 和 B 为例，主要如下：

• 反应性控制

在发生 LOCA 事故以及 SLB 和 SGTR 事故时，RIS 系统通过注入含硼水来控制反应性。这种基本安全功能通过使用 MHSI(其分流管线关闭)以及 LHSI 冷段注入和安注罐得以实现。IRWST 可向 SI 模式下的 MHSI 和 LHSI 系列提供含硼水。因此系统设备要求实现以下主要安全特性：

—MHSI 泵抽吸 IRWST 并注入一回路冷段(针对 SI 信号)(安全特性 RIS-SF-A)；

—LHSI 泵抽吸 IRWST 并注入一回路冷段(针对 SI 信号)(安全特性 RIS-SF-C)；

—IRWST 的可用性根据安全特性 RIS-SF-E 定义。硼浓度范围硼-10 浓度必须高于 511 ppm，总硼浓度必须低于 1 616 ppm，温度范围为 15～42 ℃，体积范围为 1 892 m^3 至 2 013 m^3。

安注罐可用性要求其体积足够(范围为 30～35 m^3)及加压(范围为 45～49 bar. a)。

• 排热

如果发生 LOCA 事故，在 SI 模式下 RIS 系统应提供水注入，以避免或停止堆芯失水，以及通过恢复 RCP 水装量来限制包壳温度峰值。这种基本安全功能通过使用 MHSI 系列(它们的分流管线关闭)以及注入冷、热管段的 LHSI 系列及安注罐得以实现。IRWST 可向 SI 模式下的 MHSI 和 LHSI 列提供含硼水。因此系统设备要求实现的主要安全特性与反应性控制部分相同。

如果发生 LOCA 事故(小规模、中等规模或大破口)，则以最小流量运行的 LHSI 会冷却 IRWST，以便使 IRWST 温度保持在 120 ℃以下。因此系统设备要求实现的主要安全特性：LHSI 泵使用小流量管线冷却和混合 IRWST 水(在核电厂供电或事故后阶段应操纵员要求)(安全特性 RIS-SF-N)。

如果发生安注罐未注入的事故(例如 SB-LOCA 事故),为达到反应堆冷却剂装量保持稳定的受控状态,在 RCP 的降压过程中会隔离这些安注罐,以便达到 RHRs 的连接条件。一旦 RCP 压力低于 70 bar. a,这些安注罐便会被隔离。因此系统设备要求实现的主要安全特性:安注罐可在 RHR 连接模式中予以隔离,以达到 RIS 的安全停堆状态(安全特性 RIS-SF-L)。

- 放射性物质屏蔽

—在发生冷管段的中破后或大破口事故后,LHSI 列注入热管段以限制蒸汽在安全壳内的产生。因此系统设备要求实现的主要安全特性:LHSI 泵抽吸 IRWST 并注入一回路热段(在事故后阶段应操纵员要求)(安全特性 RIS-SF-F);

—如果发生 SB-LOCA 事故,在温度极高的堆芯出口饱和裕度的情况下,可能需要停运 MHSI 泵以防止反应堆压力容器发生脆性断裂,确保第二道屏障的完整性。该任务通过关闭 MHSI 泵来完成。因此系统设备要求实现的主要安全特性:停运 MHSI 列包括停运 MHSI 泵(安全特性 RIS-SF-D)。如果 RCPB 外部发生 RIS 管道破裂,并且导致 LOCA 事故,则对确保 RCPB 隔离的阀门进行隔离,可以防止一回路水从与 RCP 相连的辅助管线排放。因此系统设备要求实现的主要安全特性:反应堆冷却剂隔离(安全特性 RIS-SF-C、RIS-SF-R、RIS-SF-S)。

- 支持功能

不适用。

2.2 应急给水系统(ASG)

2.2.1 系统配置

ASG 系统包括四个同样的列,简图如图 2.2;它们被分别布置在四个安全厂房内,每一列包括以下设备:

- 一个 ASG 水箱(1/4 列水箱略小于 2/3 列水箱容积);
- 一个向蒸汽发生器注水泵(1/4 列泵由 690 V 应急母线供电,2/3 列泵由 10 kV 应急母线供电,以此保证电源多样化);
- 一个 ASG 水箱疏水泵。

2.2.2 安全功能

2.2.2.1 反应性控制

ASG 系统要确保在蒸汽管线破裂的事故工况下,隔离故障蒸汽发生器,以保持堆芯处于次临界的可控状态。

2.2.2.2 余热导出

- 事故工况下为蒸汽发生器供水,以达到冷却一回路直至 RIS/RHR 投运;
- 储存足够的水,以保证 ASG 水箱在 LUHS(失去最终热阱)或 SBO 工况而不能补水的情况下,提供 24 h 的用水;

入量。

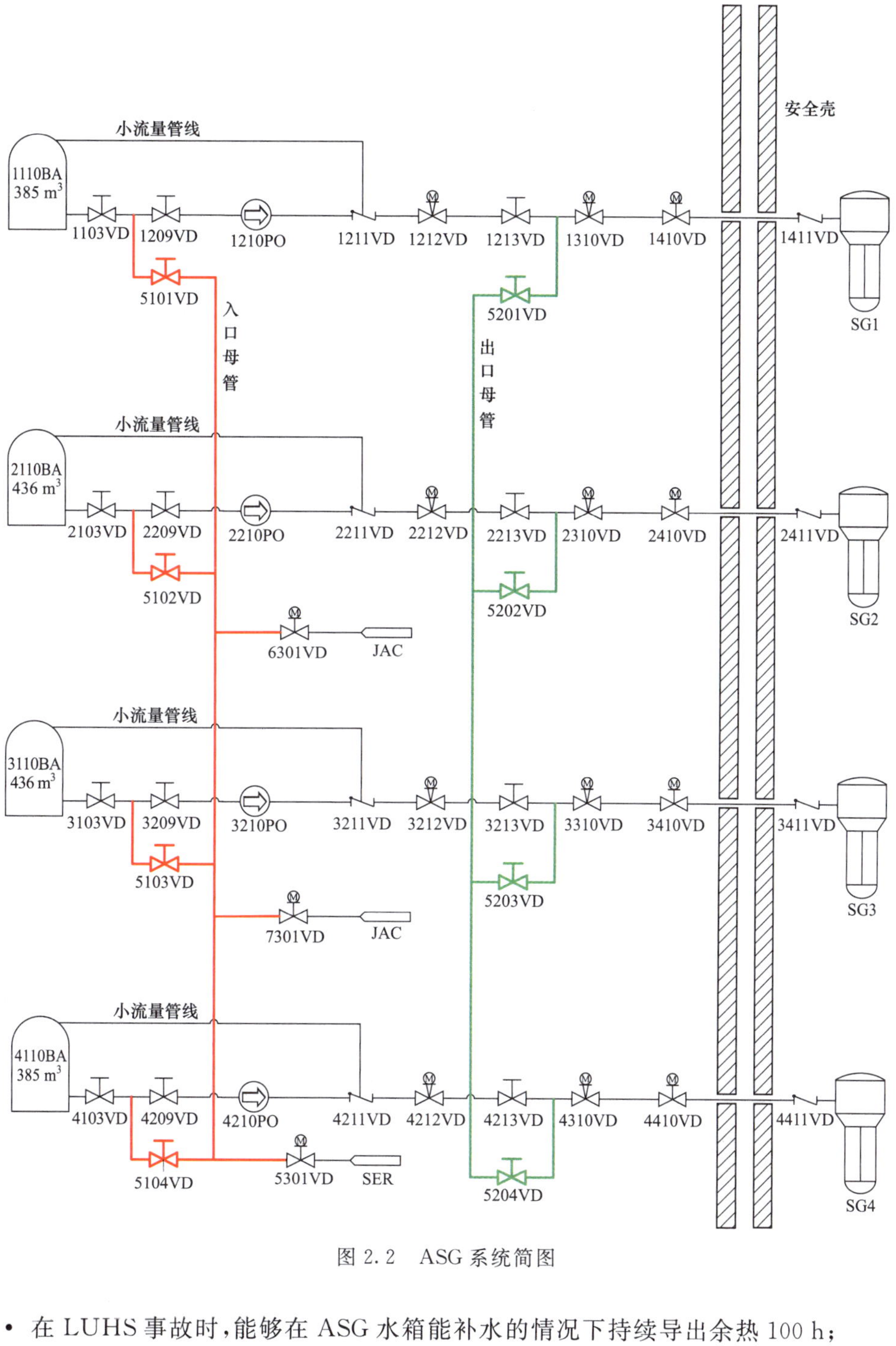

图 2.2　ASG 系统简图

- 在 LUHS 事故时，能够在 ASG 水箱能补水的情况下持续导出余热 100 h；
- 当乏燃料水池发生失水事件时，ASG 补水泵可为乏燃料水池补水；
- 在 FWLB 事故时，限制注入 SG 的流量从而减少泄漏量；同时满足 SBO 工况下注入量。

2.2.2.3 放射性产物的包容

在 SGTR 事故时，ASG 系统必须确保受影响的蒸汽发生器隔离，以保证安全壳不会被旁路。在 FWLB 或 MSLB 事故时，ASG 系统必须保证受影响的蒸汽发生器隔离，以限制安全壳的压力和温度。

在 MSLB 事故时，限制注入流量也可限制水装量和热量在安全壳内释放，确保安全壳完整性。

2.2.3 安全分析状态及安全特性

以安全分析状态 A、B 和 C 为例，主要如下：

• 反应性控制

在受影响的 SG 水位低(SG 水位<LOW2)时会启动 ASG 系统。在发生 MSLB 时(例如 FSAR §15.1.5)，需要手动隔离 ASG 注入管线避免 RCP 过冷，并确保在可控状态下的次临界。因此系统设备要求实现的主要安全特性：ASG-SF-02：ASG 一列系列的隔离，分级：F1A(自动/手动)、F2(手动)。

• 排热

ASG 系统要能满足任何 RIS-RHR 未连接情况下失去正常给水 DBC 事件下将机组带到可控状态和安全停堆状态。

在区域 C 中，两个 SG 仍参与 RCP 排热。在 LOOP 瞬态情况下(FSAR §15.2.10)，正常给水(由 ARE 系统供应)不可用，SG 二次侧水装量内的存水，EDG 供电的 ASG 泵和 VDA 阀确保二次侧排热。

因此系统设备要求实现的主要安全特性：

—ASG-SF-01：一列 ASG 的启动，分级：F1A(自动/手动)、F2(自动/手动)；该安全特性的满足需要 ASG 系统某列可用、对应列 ASG 注入管线可用、对应列 ASG 水箱可用。

—ASG-SF-03：通过 ASG 实现的 SG 水位自动控制，分级：F1B(自动)。

—ASG-SF-07：水箱补水，分级：F2(手动/就地)。

• 放射性物质屏蔽

在发生 SGTR 时(FSAR §15.6.3 和 §15.6.8)会隔离对应列 ASG 系统。在该瞬态过程中需要自动隔离 ASG 注入管线，以限制对故障 SG 的注水，因为该 SG 接受一次测的泄漏，这会导致通过 VDA 进行放射性排放。在该瞬态的自动阶段后需要手动隔离 ASG 系统(如果未自动隔离)。

因此系统设备要求实现的主要安全特性：ASG-SF-02：ASG 一列的隔离，分级：F1A(自动/手动)、F2(手动)。

• 支持功能

在 LUHS 发生 100 h 内(FSAR §19.1.1.5)会启动 ASG 系统。ASG 水箱设计上可以满足 24 h 内的余热排出。为了保证在 LUHS 工况下的长期冷却需要为 ASG 水箱补水。

因此系统设备要求实现的主要安全特性：ASG-SF-07：水箱补水，分级：F2(手动/就地)。

2.3　安全壳热量导出系统(EVU)

2.3.1　系统配置

EVU 包含两列，每列主要由主回路、中间回路组成，如图 2.3 所示。

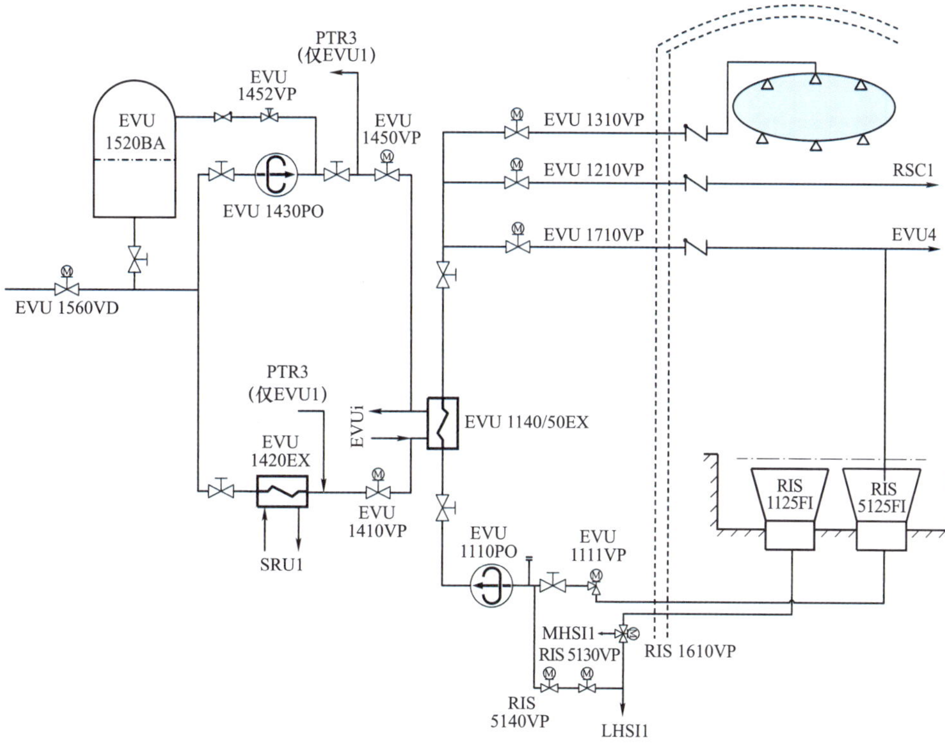

图 2.3　EVU 简图

2.3.2　安全功能

一回路管道断裂或者严重事故下，EVU 与其专用冷却水 SRU 系统配合，可导出安全壳内的热量；EVU 第 1 列也可用于冷却 PTR 第 3 列，保证乏燃料水池的冷却。

通过喷淋降压，确保第三道屏障的完整性；严重事故下，EVU 对熔融物扩展区、安全壳筏基进行冷却，进一步保证了第三道屏障的完整性；EVU 接受安全壳隔离的信号，且其安全壳外部分的设备也构成了第三道屏障的一部分。

2.3.3　事故运行概述

小破口叠加丧失 LHSI 工况下，将导致安全壳和 IRWST 升温至 120 ℃(MHSI 泵运行的最高温度)，EVU(图 2.4)作为最后冷源以再循环模式冷却 IRWST，使其温度低于 120 ℃，以维持 MHSI 泵的运行。

维修冷停堆工况下 RRI/SEC 完全丧失，此时已不再可能返回到由二回路导出热量，因此堆芯热量的导出由冷却剂的蒸发和专门的补给进行。这样，将导致安全壳的压力/温度上升，达到安全壳压力阈值后，EVU 将以喷淋模式投运。

• 严重事故下的安全设计

设计上，EPR 安全壳的设计标准为：至少在事故发生后的开始 12 h 内不要求使用安全壳余热导出系统。严重事故发生 12 h 后，此时启动两列 EVU，可以在 24 h 将安全壳压力降至 2 bar. a。

安全壳余热导出系统对安全壳内大气进行喷淋时，水通过安全壳余热导出系统泵取自 IRWST，通过泵下游的热交换器冷却，然后输送到安全壳的穹顶进行喷淋。来自热交换器的热量通过专用冷却列(EVU/EVU 中间列/SRU)导出到外部环境中。

安全壳余热导出系统由操纵员手动控制。严重事故实际控制中，操纵员需在安全壳压力达到 3. 6 bar. a 时手动安全壳启动喷淋。

考虑到安全壳和 IRWST 的特性(体积，结构及热容量)，从严重事故开始，允许有一个 12 h 的宽限期。在此宽限期内，无需启动任何系统来使安全壳压力低于其设计值。12 h 的宽限期不是 EVU 的启动准则，而仅仅是 EVU 的一个设计取值。严重事故下，EVU 的启动准则是基于一个安全壳压力阈值的。

短期运行准则：

—严重事故发生，12 h 宽限期后，启动两列 EVU，可以在 24 h 内将安全壳压力降低到 2 bar. a 以下；

—严重事故发生，12 h 宽限期后，启动一列 EVU，能够维持安全壳压力低于其设计值 5. 5 bar. a。

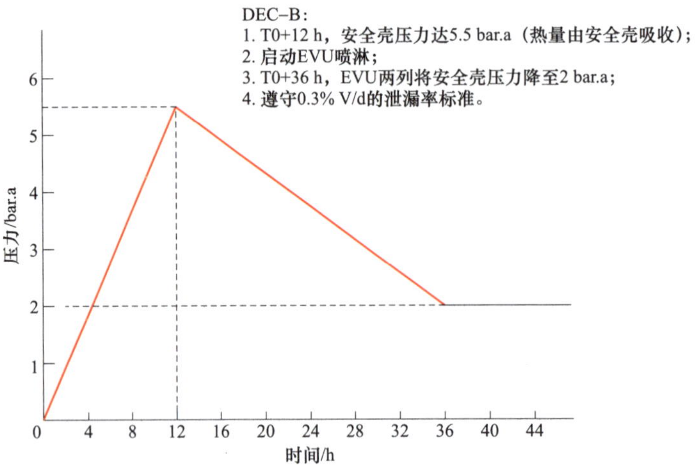

图 2.4　EVU 设计基准图

长期运行准则：

严重事故发生 36 h 后，安全壳压力需维持在低于 2 bar. a 的水平(12 h 的宽限期＋24 h)。长期运行状态下，一列 EVU 即可保证安全壳压力低于某一值(可接受的放射性后果所对应的压力)。

2.3.4　安全分析状态及安全特性

安全分析状态 A 至 F

- 反应性控制

不适用。

- 排热

正常运行工况下反应堆冷却剂系统中出现小破口时，这将导致丧失冷却剂装量，从而使一次侧压力降低。RHR 模式下的 LHSI 可被视为完全不能操作。即使通过二次侧冷却后，一回路热量仍会提供到 IRWST，且长期看来，极高的水温会导致 MHSI 泵丧失。

以及，在完全丧失冷却链（完全丧失 RRI/SEC 冷却）时，EVU 可确保安全分析状态 D 至 F 中的排热。可通过具有独立冷却链的 EVU 单独对其加以冷却。该冷却链可通过 EVU 中间冷却系统将热量排放到 SRU。因此系统设备要求实现的主要安全特性：

EVU-SF-05：EVU 中间系列启动，分级：F2（手动）

EVU-SF-04：通过再循环冷却 IRWST，分级：F2（手动）

在换料停堆过程中丧失 PTR 系统两个主列的情况下，EVU 可确保安全分析状态 A 至 F 中的排热。在该情况下，可通过使用由第 1 列 EVU 中间回路加以冷却的第三列 PTR 来冷却燃料池。因此系统设备要求实现的主要安全特性：EVU-SF-05：EVU 中间系列启动，分级：F2（手动）。

- 放射性物质屏蔽

—在发生严重事故时，EVU 可确保安全分析状态 A 至 E 中的放射性物质屏蔽，因为 EVU 将安全壳的压力保持在其设计压力以下。因此系统设备要求实现的主要安全特性：EVU-SF-02：安全壳喷淋启动，分级：F2（手动）。

- 支持功能

不适用。

2.4　应急硼化系统(RBS)

2.4.1　系统配置

RBS 由 2×100％的两列组成（如图 2.5 所示），每列包括：

—1 个硼浓度为 7 000 ppm，有效容量为 40 m^3 的硼酸箱。

—硼酸箱的硼补给管线。

—1 台最高出口压力达 260 bar. a 的活塞泵。

—1 条试验/循环管线。

—2 条 RCP 冷端注入管线。

2.4.2　安全功能

RBS 系统执行反应性控制和放射性物质包容这两个安全功能。

反应性控制：

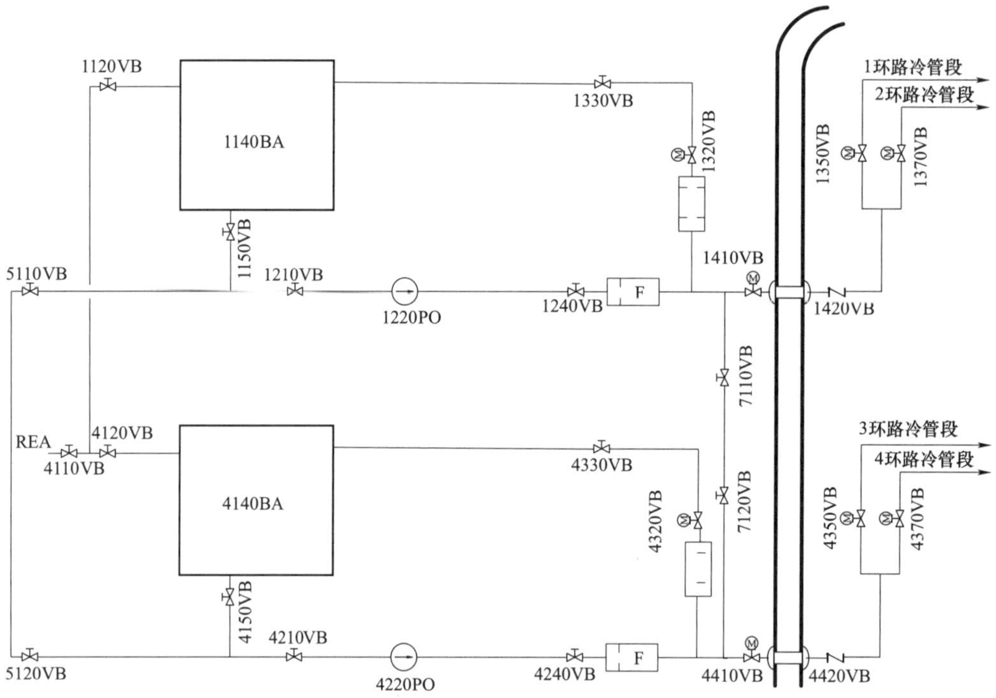

图 2.5　RBS 系统配置简图

RBS 用于设计基准事故或者 ATWS(DEC-A)工况下，对一回路手动或者自动进行快速硼化。

对于管径小于 10 mm 的一回路小破口，如果 RIS 的安注流量不能满足后退到 NS-RHR 模式所要求的硼浓度(安全停堆状态)，则 RBS 和 RIS 系统可同时运行，以尽快满足硼浓度要求。

余热排出：

通过 RBS 管线上属于 RCPB 阀门的隔离，限制与 RCP 接口管线的泄漏。

注入含硼水到 RCP，补偿 RCP 由于冷却的收缩，并防止因此安注。

放射性包容：

应急硼化隔离阀是一回路压力边界的组成部分，归属于 RBS 系统的贯穿件也是第三道屏障的一部分。

2.4.3　安全分析状态及安全特性

以安全分析状态 A 和 B 为例，主要如下：

- 反应性控制

在安全分析状态 A 和 B 中，在所有 DBC 分析中均使用 RBS(手动启动)将反应堆从可控状态转到安全停堆状态(RIS 以 RHR 模式连接)，以便补偿 RCP(在事故分析中不考虑 RCV)冷却而引入的反应性。

如果发生 ATWS，则 ATWS 信号会自动启动 RBS 硼化。

如果发生 SB-LOCA 事故(<DN50)并且在功率运行时失去 LHSI，则会手动启动 RBS，

以便使电厂达到最终状态。

因此系统设备要求实现的主要安全特性：

—RBS-SF-A：含硼水注入，分级：F1A（手动）、F1A（自动）、F2（自动）

—RBS-SF-B：含硼水贮存，分级：F1A（非能动）

• 排热

无论反应堆位于哪个安全分析状态中，RBS 都可通过注入含硼水来确保 RCP 中有足够的水装量，以便补偿一回路冷却收缩，从而在 DBC-2 事件中尽可能避免使用安注。RBS 可确保安注功能的效率，从而通过隔离 RCPB 确保 RCP 中有足够的水装量。因此系统设备要求实现的主要安全特性：

—RBS-SF-A：含硼水注入，分级：F1A（手动）、F1A（自动）、F2（自动）

—RBS-SF-B：含硼水贮存，分级：F1A（非能动）

—RBS-SF-E：RCPB 隔离（SI 信号），分级：F1A（自动）、F1B（手动）、F2（自动）

• 放射性物质屏蔽

RBS 有助于第三道屏障的完整性；“RBS 停运”的安全特性也提供了这一方面的作用，从而可防止稳压器水实体而导致在达到安全停堆状态后开启稳压器安全阀。RBS 还通过“RCPB 隔离”特性参与确保第二道屏障的安全性。因此系统设备要求实现的主要安全特性：

—RBS-SF-C：RBS 停运，分级：F1B（手动）

—RBS-SF-E：RCPB 隔离（SI 信号），分级：F1A（自动）、F1B（手动）、F2（自动）

• 支持功能

为了与事故分析中的初始条件一致，安全壳环廊和反应堆厂房中的 RBS 管线的温度在系统正常运行期间保持在 25 ℃以上，以防止硼结晶的风险。

2.5　专设重要冷却水系统(SRU)

2.5.1　系统配置

系统配置图如图 2.6 所示，SRU 分为两列，其分别通过 EVU/SRU 热交换器向 EVU 提供冷却水。两列冷却回路分别称为 SRU1 和 SRU4，SRU1 还可以通过 EVU/SRU 中间冷却器向 PTR 的第三列提供冷却。

2.5.2　安全功能

该系统主要实现余热排出功能，在 DEC-B 和某些 DEC-A 运行模式以及 DBC 运行模式下通过 EVU 系统排出安全壳内余热，以及在某些事故情况下（包括失去 PTR 两个主序列引起的乏燃料水池失去冷却）启动，通过 PTR 第三列管线排除 HK（燃料厂房）乏燃料水池的余热。

2.5.3　安全分析状态及安全特性

以安全分析状态 A 至 F 为例，主要如下：

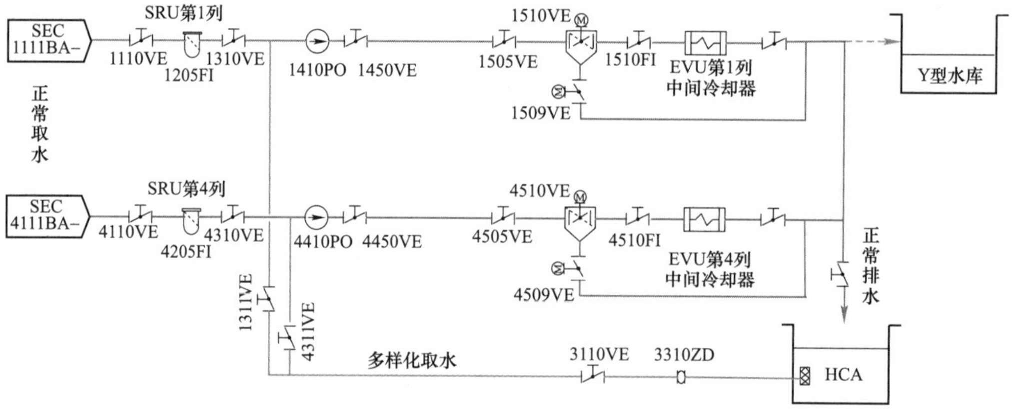

图 2.6　SRU 系统配置简图

- 反应性控制

不适用。

- 排热

该系统主要通过冷却 EVU 系统来实现其安全功能。

反应堆冷却剂系统中出现小破口时、在完全丧失冷却链(完全丧失 RRI/SEC 冷却链)时、在换料停堆过程中丧失 PTR 系统两个主列的情况下,SRU 可确保安全分析状态 F 中的 EVU 中间回路冷却。进而将余热排出到最终热阱。因此系统设备要求实现的主要安全特性:

SRU-SF-01:SRU 列的启动,分级:F2(手动/就地)

SRU-SF-02:SRU 吸入在线到 CRF 循环水虹吸井,级别:F2(手动/就地)

- 放射性物质屏蔽

不适用。

- 支持功能

不适用。

2.6　蒸汽大气排放系统(VDA)

2.6.1　系统配置

VDA 系统包括 4 个相同的列,总的排放能力 50%额定蒸汽流量。每列 VDA 对应一个 SG 并与一列主蒸汽管线相连,VDA 系统位于安全壳隔离阀与主蒸汽隔离阀之间,处于主蒸汽安全阀上游。每列 VDA 的流程简图如图 2.7 所示:

每列 VDA 由两个主要设备组成:蒸汽排放隔离阀 MSRIV 和蒸汽排放控制阀 MSRCV,每个 MSRIV 由两个平行冗余的先导回路来控制,每个先导回路上有两个电磁先导阀,其上下游各有一个隔离阀。

排放控制阀包括两种调节模式:阀位调节模式和压力调节模式。

(1) 当排放隔离阀关闭且无 MSRIV 隔离信号,排放控制阀采用阀位调节。

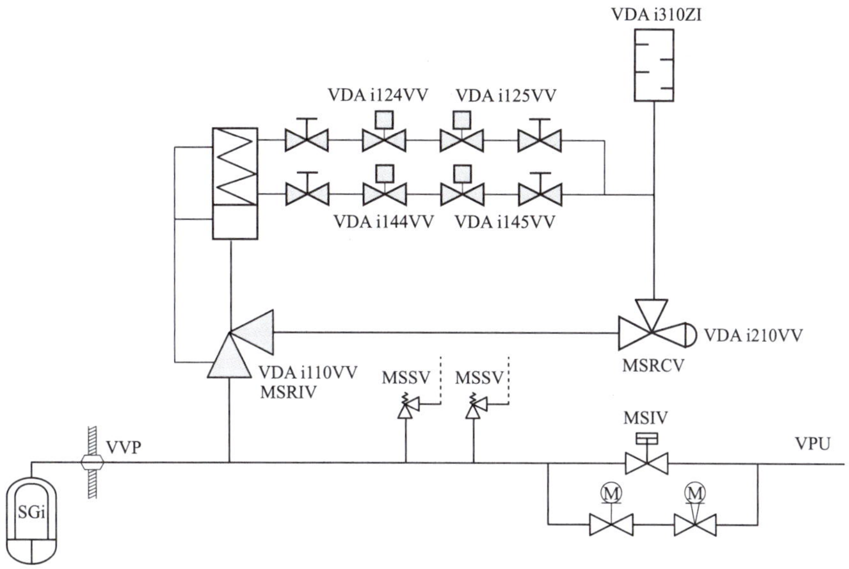

图 2.7　VDA 流程简图

阀位调节：排放控制阀的阀位根据热功率整定，阀位整定值与排放控制阀阀位测量值比较得出偏差，然后经过 PI 调节器调节排放控制阀开度。MSRCV 阀位整定值如图 2.8 所示：

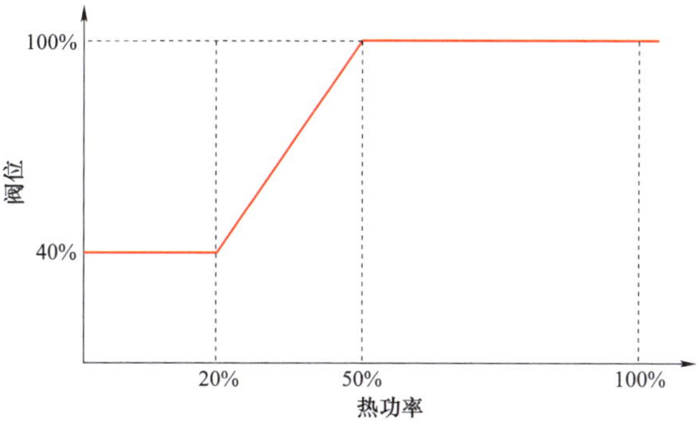

图 2.8　MSRCV 阀位整定值

排放控制阀阀位整定值考虑超压保护并限制隔离阀误开情况下的冷却。

为了保证系统在二次侧超压时快速反应，要求阀门开启迅速，由于控制阀开启时间为 40 s 远远大于隔离阀的开启时间，所以控制阀要根据当时的热功率保持一定的开度；同时为了限制隔离阀误开情况下对一回路的过度冷却，所以控制阀开启要根据当时热功率整定。

（2）当排放隔离阀开启时排放控制阀采用压力调节。

压力调节：实测压力与整定压力的偏差，通过 PI 调节器来调节排放控制阀的开度；压力整定值生成有 3 种情况：自动冷却计算压力整定值，多样化部分冷却压力整定值和来自 RPR 压力整定值。

2.6.2　安全功能

2.6.2.1　反应性控制

1）VDA 隔离阀和调节阀误开启后或者主蒸汽管道发生破口，蒸汽流量过度增加将导致堆芯过冷，引入正反应性，隔离 VDA 将防止堆芯过冷，保证一、二回路功率匹配；

2）SGTR 工况，对故障 SG 降压防止二回路水进入一回路造成反向稀释，防止堆芯重返临界。

2.6.2.2　余热排出

1）正常运行时，当汽机跳闸且 GCT 不可用时，VDA 导出一回路热量至大气，直到 RIS 连接到 RHR 模式。

2）DBC2-DBC4 和 DEC-A 工况，如果 GCT 不可用，则用 VDA 导出一回路热量至大气。

3）DBC2-DBC4 和 DEC-A 工况，发生中、小 LOCA 事故或 SGTR 事故，如果 GCT 不可用，VDA 系统通过部分冷却导出热量，使一回路降压至中压安注可以注入的压力。

4）当发生中、小 LOCA 事故叠加所有中压安注不可用时（DEC-A 工况），如果 GCT 不可用，VDA 系统通过快速冷却导出热量，使一回路降压至低压安注可以注入的压力，保证 SG 完整性，限制二回路压力升高，保证余热导出。

2.6.2.3　放射性物质包容

1）DBC2-DBC4 和 DEC-A 工况，VDA 用来防 SG 超压；

2）SGTR 事故时，VDA 对故障 SG 降压，执行部分冷却功能，部分冷却结束以后，如果故障 SG 水位高 2，调高该列 VDA 阀门的开启定值，防止放射性排放到安全壳外；

3）主蒸汽管线破管导致低压熔堆的严重事故时，VDA 参与安全壳隔离。

2.6.3　安全分析状态及安全特性

以安全分析状态 A 和 B 为例，主要如下：

• 反应性控制

涉及 VDA 排放控制阀故障（阀被卡住而不能关闭）的 DBC 事故分析中（如 SG 排放阀或安全阀意外开启或 SGTR 等），需要 VDA 系统自动隔离（关闭 MSRIV 和 MSRCV），当 SG 压力达到阈值 MIN3 时，受影响的 VDA 列被隔离（VDA 隔离）以便达到受控状态。因此系统设备要求实现的主要安全特性：

VDA-SF-A：VDA 隔离（逐个 SG），分级：F1A（自动）、F1B（手动）

• 排热

在事故分析中，大多数情况下假设 CEX 凝汽器不可用，这时使用 VDA 用导出余热。因此系统设备要求实现的主要安全特性：

VDA-SF-B：主蒸汽排放阀开启，分级：F1A（自动）、F1B（手动）、F2（自动）、F2（手动）；电动排放控制阀 VDAi210VV，根据电厂正常运行时的功率水平，保持在开启位置（部分或全部）。

在给水系统管道破裂（FSAR §15.2.9）同时叠加 LOOP，考虑单一故障和其他两列 SG

对应的两台 EDG 维修(可交叉供电的两列,即第 1 和 2 列或第 3 和 4 列),当蓄电池的电量耗尽(2 h)后,只有一列 VDA 可用。因此,需要就地开启可用列 VDA 之后再关闭第 2 列 VDA,以确保长期安全排热,从而达到安全停堆状态。该目标通过安全特性 VDA-SF-G 来实现。因此系统设备要求实现的主要安全特性:

VDA-SF-G:主蒸汽排放阀现场开启/关闭,分级:F1B(手动)

• 放射性物质屏蔽

在出现 SGTR(FSAR §15.6.3 和 §15.6.8)后,当部分冷停堆结束且故障 SG 水位>MAX2 时,受影响 SG 的 VDA 隔离阀会自动关闭,并提高整定值(VDA 整定值自动增加)。此操作与主蒸汽系统(VVP)的隔离一起可以停止放射性物质的排放,从而有助于实现屏蔽功能。

如果发生 SGTR,操作员可手动关闭 VDA,以隔离受影响的 SG(FSAR §15.6.3 和 §15.6.8)。在这些情况下,操作员可手动提高 VDA 整定值(手动提高 VDA 整定值)。此操作可关闭 VDA 排放控制阀,并需要打开 VDA 排放隔离阀或使其保持打开状态。

因此系统设备要求实现的主要安全特性:

—VDA-SF-E:VDA 整定值自动增加,分级:F1A(自动);1 列 VDA 中的两个阀门中有一个不能关闭时,另一个阀门提供了冗余。

—VDA-SF-F:VDA 整定值手动增加,分级:F1B(手动);1 列 VDA 中的两个阀门中有一个不能关闭时,另一个阀门提供了冗余。

• 支持功能

不适用。

2.7　堆芯熔融物稳定系统(RSC)

2.7.1　系统配置

RSC 系统由两部分组成:堆芯熔融物堆积滞留和稳定部分,以及非能动淹没部分。

• 堆芯熔融物堆积滞留和稳定部分,在堆芯熔化发生后,熔融物流动到压力容器底部,随着堆芯熔化的发展,熔融物将压力容器底部熔穿,熔融物流至反应堆堆腔,熔融物不断在堆腔底部堆积,熔融塞被熔穿后,堆芯熔融物经过排放通道进入堆芯捕集器内的熔融物扩展区。如图 2.9。

• 非能动淹没部分,其非能动淹没阀的驱动装置是一条钢丝,钢丝的一端连接至非能动淹没阀,一端连接在堆芯熔融物展开区,熔融物进入展开区后将钢丝熔断后,非能动淹没阀开启。之后,IRWST 水靠重力经过堆芯捕集器底部的集中供水槽和捕集器侧壁进入熔融物展开区。在此过程中,冷却水对堆芯熔融物、堆芯捕集器底部和侧壁进行非能动冷却,将熔融物余热传递到 IRWST。如图 2.10 所示。

2.7.2　安全功能

RSC 系统用于缓解超设计基准事故(DEC-B),即严重事故的后果,并在压力容器释放堆芯熔融物后,利用 IRWST 对堆芯熔融物进行非能动冷却,导出熔融物余热,避免超过安

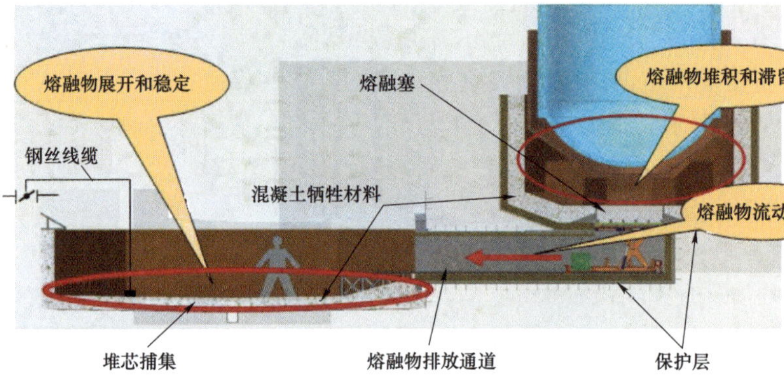

图 2.9　熔融物排放及捕集示意

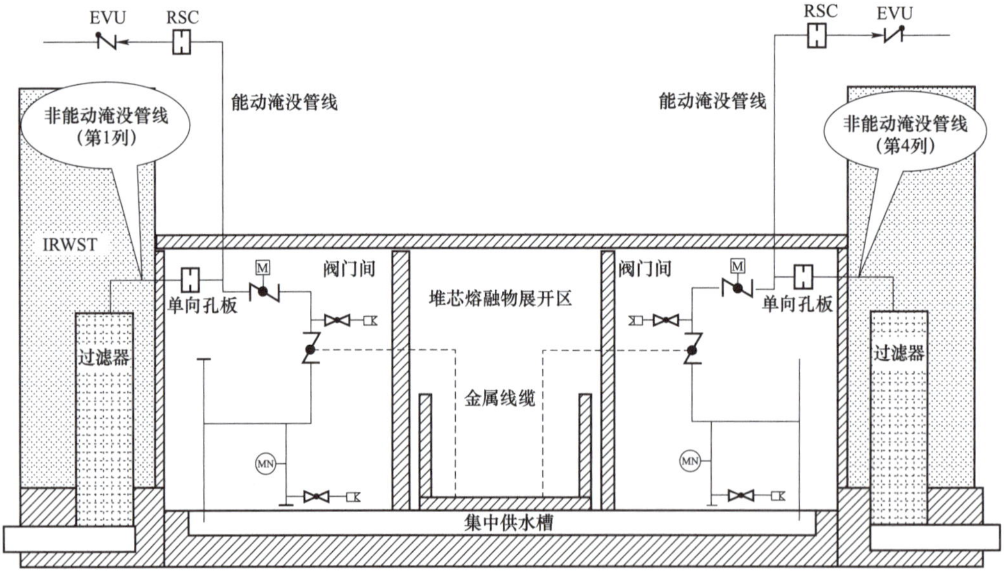

图 2.10　非能动淹没示意图

全壳衬里的临界热负荷，确保安全壳底部和筏基混凝土结构的完整性。

严重事故发生后，RSC 系统重新稳定堆芯熔融物并将其转移到熔融物展开区，固态和液态的放射性物质被固定并存储在堆芯捕集器内，防止安全壳筏基被熔穿。

• 严重事故下的安全设计

EPR 熔融物稳定的方法，主要讨论熔融物从反应堆压力容器排出后的再稳定。熔融物因位于堆坑底部中心的熔融塞失效而从堆坑流到堆芯捕集器。熔融塞固定在预埋于牺牲混凝土中的支撑架上。熔融塞由称为"闸门"的金属底部结构及其上部的牺牲混凝土层构成。熔融物从堆坑流出必须首先腐蚀并穿透牺牲混凝土层。熔融塞穿透后，熔融物将会通过熔融物排放通道导入到堆芯捕集器中。通道由预埋在结构混凝土的钢架构成。钢架内部由保护层覆盖。

经过熔融排放通道的出口后，熔融物倾泻在堆芯捕集器的表面。熔融物一到达便打开了冗余的弹簧载荷阀，此阀门会引入来自 IRWST 因重力驱动的水流。水通过中心供水管道分配到堆芯捕集器底部和侧面的水流通道系统。淹没这些通道后，水从四周溢出并覆盖熔融物表面。

因熔融物扩散引起的表面与容积比率增加，确保了有效的冷却，从而极大地减少了释放到安全壳空气环境中的放射性物质。

堆芯熔融物的非能动冷却不需操纵员的任何干预，也不需要电源的供应。在堆芯熔融物到达扩展区之后，设计的两列冗余的阀门非能动地开启。非能动水淹阀开启后，水通过冷却通道在重力的作用下从 IRWST 流向扩展区。热量导向安全壳大气，然后通过 EVU 系统从安全壳内排出。

2.7.3　安全分析状态及安全特性

以安全分析状态 A 至 E 为例，主要如下：

• 反应性控制

不适用。

• 排热

如果发生假设的严重事故，则 RSC 系统会排除已熔化堆芯中的衰变热。通过熔融塞和熔融物排放通道将堆芯融溶物从故障反应堆压力容器输送到堆芯捕集器。因此系统设备要求实现的主要安全特性：RSC-SF-A：熔融物输送到堆芯捕集器中，分级：F2（非能动）。

在打开水浸阀门后使用非能动淹没管线，利用 IRWST 中的水冷却捕集器的底部和边墙结构以及堆芯熔融物表面，从而进行排热。因此系统设备要求实现的主要安全特性：RSC-SF-B：非能动淹没堆芯捕集器中的熔融物扩展区，分级：F2（非能动）。

• 放射性物质屏蔽

通过确保安全壳下部和基础底板的完整性，RSC 有助于放射性物质屏蔽。堆芯熔融物中所含的液体和固体放射性物质被固定、冷却并贮存在捕集器中，以使它们无法渗透安全壳屏障的基础底板。因此系统设备要求实现的主要安全特性：

RSC-SF-A：熔融物输送到堆芯捕集器中，分级：F2（非能动）。

RSC-SF-B：非能动淹没堆芯捕集器中的熔融物扩展区，分级：F2（非能动）。

• 支持功能

不适用。

第3章　EPR核安全控制与遵守

3.1　运行技术规范

3.1.1　概述

HAF 103《核动力厂运行安全规定》中明确了：为保证核动力厂运行符合设计要求，营运单位必须制定包括技术和管理两个方面的运行限值和条件。运行限值和条件必须反映最终设计，并必须在核动力厂运行开始之前经国家核安全监管部门评价和批准。HAD 103《核电厂运行限值和条件》规定为保证核电厂安全运行，核电厂营运单位必须制定一组反映最终设计及对设备和人员要求的运行限值和条件，并在核电厂运行开始前报国家核安全局批准。核电厂的运行必须遵守国家核安全局批准的运行限值和条件。运行限值和条件必须起到下列作用：(1)防止发生可能导致事故工况的状态；(2)如果发生这种事故工况，则要减轻其后果。

运行技术规范作为核电厂法规性文件，定义了这些运行限值和条件。台山EPR运行技术规范主要是基于FSAR安全分析，遵守运行技术规范可确保电厂在正常运行期间始终满足在设计所考虑的和安全分析报告中的技术规定。规范中确定了正常运行参数限值以确保机组运行在安全限值和事故假设范围之内；规定了三道屏障相关的控制、保护及安全系统的安全特性的可用性要求，以确保应急运行程序和严重事故管理导则所需设备的可操作性；当所需的安全功能不可用或超过了正常运行限值时，规定了应采取的补救措施和/或所需达到的后备模式和后撤开始时间或维修期限。此外，台山EPR运行技术规范还涉及一些灾害、环境保护和纵深防御相关内容。

台山EPR运行技术规范编制基于EPR系统功能设计和安全分析论证。当各种假设的工况(设计基准工况DBC1-4、设计扩展工况DEC-A/B、超压保护OPP、灾害等)发生后，通过一系列不同功能分级(F1A、F1B、F2)的技术手段(安全特性)使机组达到相应的物理状态(可控状态、安全停堆状态、最终状态)，从而确保三大基本安全功能(反应性控制、余热导出、放射性物质包容)目标的实现。台山OTS则针对这一系列技术手段制定了相关规则进行管理。根据相应的事故分析假设，通过6大准则来筛选并确定正常运行期间须遵守的运行限值和条件(即机组在各个运行模式下需满足的参数限值、运行条件和设备可用性要求)。当出现所须遵守的限值和条件不能满足时，根据对事故分析的影响制定了应采取的补救措施和/或所需达到的后备模式和后撤开始时间或维修期限，通过确定论辅以PSA及运行经验反馈和工程判断等确定后撤时间和维修期限。图3.1为运行技术规范编制方法简图。

3.1.2　运行技术规范要求的确定

台山EPR运行技术规范的要求包括两大部分：来自安全分析的要求以及安全分析之外的要求。这两大部分的要求就构成了运行技术规范中的运行限值与条件。

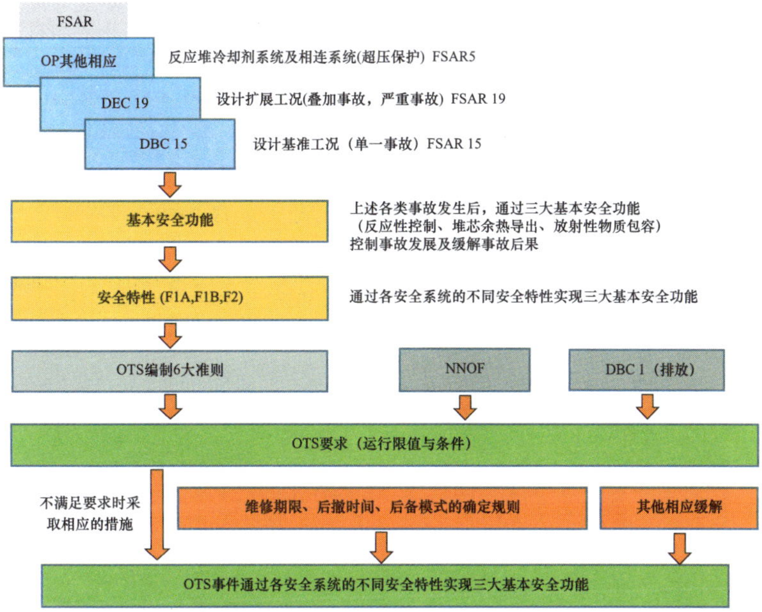

图 3.1　运行技术规范编制方法简图

1）安全分析的要求

为了防止三道屏障(燃料元件包壳、一回路压力边界、安全壳)的损坏或限制其可能损坏的后果,核电厂定义出了安全功能的概念。安全功能是需实现或完成的一个特定目标。三个基本安全功能包括:反应性控制(在任何情况下以连续方式控制核燃料的反应性),堆芯热量导出(在任何情况下以连续方式控制堆芯的热量导出),放射性物质包容(在任何情况下以连续方式控制放射性物质的释放)。

台山 EPR 运行技术规范的编制主要是基于确保电厂始终运行在 FSAR 分析范畴内的原则,即确保 FSAR 的分析假设得到遵守。OTS 必须遵守安全分析报告中的以下分析:

—设计基准工况包含的事件和事故工况(DBC2-4);

—A 类设计扩展工况包含的事故工况(DEC-A);

—B 类设计扩展工况包含的事故工况(DEC-B);

—事故放射性后果分析;

—超压保护分析防止反应堆压力容器脆性断裂。

上述事件或事故的处理主要体现在三大基本安全功能的实现,从技术上实现则是通过相关设备的动作(何时动作、如何动作、动作优先级)。因此系统(或设备)共同作用来实现一个或多个基本安全功能的安全目标的技术手段定义为安全特性,通过相关设备的动作以达到安全的目标和相应的功能要求(例如:阀门的打开/关闭、泵的启动/停运)。安全系统的安全特性是实现三大基本安全功能目标的技术手段。

例如反应性控制,核电厂设计中可通过插入控制棒、注入硼酸、防止过冷效应(隔离过冷源)等方式抑制链式反应以达到反应性控制的目标,通过注硼方式控制反应性,EPR 设计有 RBS、RIS 和 REA 系统,当某个(或某些)反应性相关信号触发以启动 RBS 泵并开关相应的 RBS 阀门以实现高浓度硼酸向一回路注入,这就是 RBS 的一个安全特性 RBS-SF-A:硼酸注入，如图 3.2 所示。这个 RBS 硼酸注入的安全特性便是反应性控制方面的一个 OTS 要求。

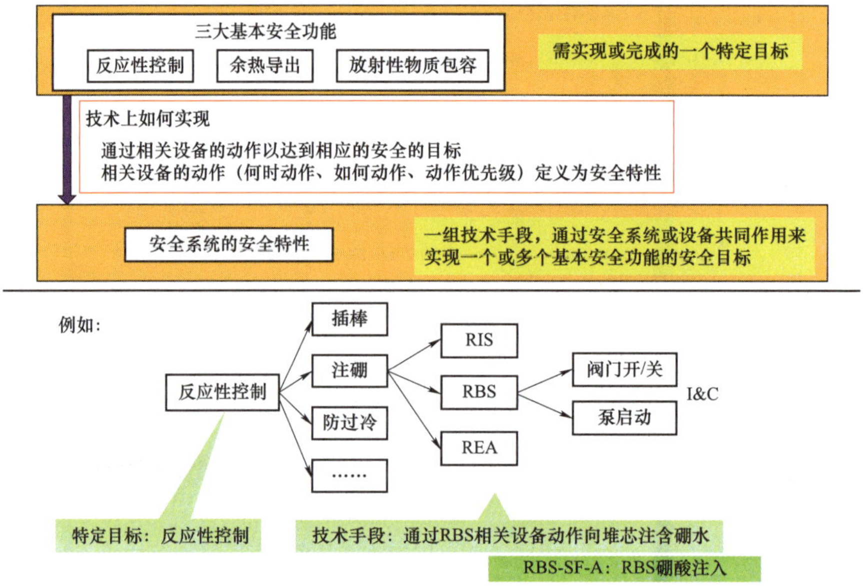

图 3.2 反应性控制相关的安全特性：RBS 硼酸注入

安全特性可通过以下几种方式触发：自动，手动（主控室或就地），非能动。当安全特性是自动的，不同功能分级的信号可触发该安全特性。触发信号的安全分级根据 FSAR 中的原则（触发该安全特性是处理 DBC 2-4 或 DEC-A、DBC-B）确定，可分为 F1A、F1B、F2 级。相应的安全特性的安全分级取其触发信号中的最高安全分级，安全特性分级也可分为 F1A、F1B、F2 级。

一个安全特性可实现一个或多个安全功能：例如，ARE-SF-A：大流量主给水管线隔离（Full load ARE isolation），如图 3.3 所示。而一个瞬态的控制需要多个安全特性（如下面举例中的 DBC-2 工况“给水温度下降导致的给水系统故障”）。

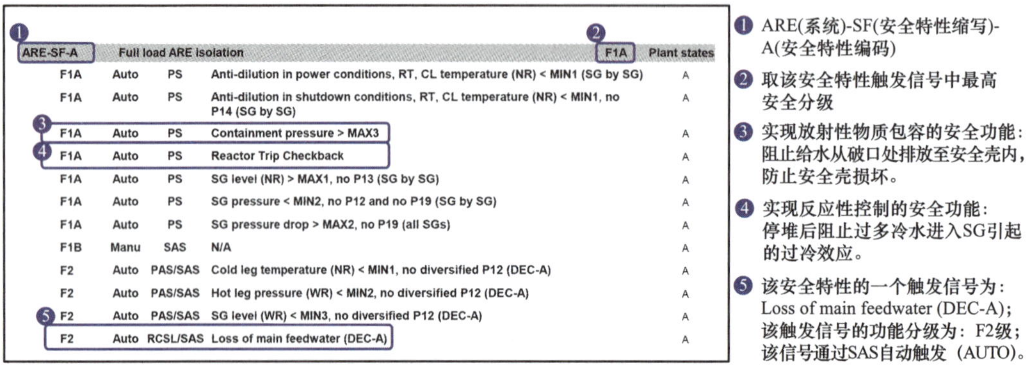

图 3.3 安全特性“ARE 大流量主给水管线隔离”解释

对于每个假想事故，分析并确定出要求用于缓解该事故的安全特性，这些安全特性包括：DBC 工况发生后将机组控制至可控状态的安全特性，及从可控状态至安全停堆状态的安全特性;DEC-A 工况发生后将机组控制至最终状态的安全特性;DEC-B 工况从预防或限制放射性释放的安全特性,如图 3.4 所示。

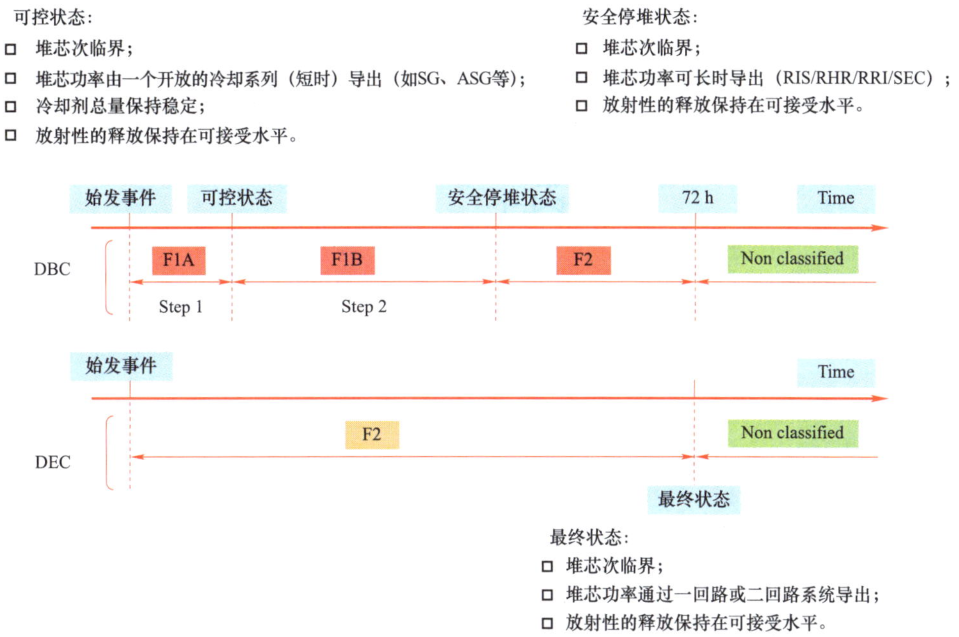

图 3.4 事故控制序列简图

例如 FSAR 第 15.1.1 对于 DBC-2 工况“给水温度下降导致的给水系统故障(安全分析状态 A)”,从事件发生到可控状态再到安全停堆状态,过程中要求用于处理或缓解该故障的安全特性标记如图 3.5 所示。

- 从事件发生到可控状态:

—APG-SF-01:隔离 SG 排污管线(确保 SG 水装量)

—ARE-SF-A:大流量主给水管线隔离(防止停堆后过多冷水注入 SG 引入正反应性)

—ASG-SF-01:启动 ASG(SG 水位低时启动为 SG 注入冷却水)

—RGL-SF-A:控制棒掉棒(触发反应堆停堆)

—RGL-SF-B:触发落棒(反应堆停堆信号触发到 RGL)

—VDA-SF-B:主蒸汽释放阀开启

- 从可控状态到安全停堆状态:

—RBS-SF-A:高硼水注入(确保一回路次临界)

—RBS-SF-B:高硼水贮存(确保注入功能)

—RBS-SF-C:RBS 停运(达到安全状态后)

—RCP-SF-A:开启 PZR 正常喷淋(降压)

—RCP-SF-E:开关 PSRV 控制压力(降压)

—RIS-SF-H:手动启动并连接 RHR(一回路由 SG 转到余热导出系统冷却)

—RIS-SF-L:安注罐手动隔离(一回路降压后防止安注罐误注入)

—VDA-SF-B:VDA 控制阀开启(降温降压)

状态 A 和状态 B 下引起给水温度下降的给水系统失灵属于 DBC-2 类事件。

15.1.1.2 典型事件序列

下文将给出典型事件序列的描述，即瞬态过程中最可能出现的事件，包括运行和安全系统两方面的动作。

事件序列包括两个阶段：短期阶段，主要依靠系统自动动作到达可控状态；长期阶段，机组从可控状态到达安全停堆状态。

—从始发事件到可控状态：

满功率运行时（状态 A），给水温度的降低会导致功率水平增加到一个新的稳定状态，或者由低偏离泡核沸腾比（DNBR）或堆芯功率高保护导致停堆①。

如果触发反应堆紧急停堆，将触发汽轮机跳闸和大流量主给水管线隔离②。当汽轮机旁路系统（GCT）可用时，二次侧压力自动受到蒸汽发生器释放装置的限制。当 GCT 不可用时，二次侧压力则受到主蒸汽大气排放系统（VDA）的限制，由 VDA 排出蒸汽发生器中产生的蒸汽③。

随后，电站达到可控状态，即为热停堆状态，如果 GCT 系统可用，余热通过 GCT 系统排出，否则通过所有蒸汽发生器的 VDA 排出，给水由正常给水系统（ARE）或应急给水系统（ASG）提供④（如果 ARE 系统不可用）。

如果该事件未触发反应堆紧急停堆，堆芯将达到一个较高功率水平的可控状态。

该状态下，操作员通过堆芯热功率高报警信号确认该事件。一旦报警来源被确定，操作员可通过尝试重启高压加热器使系统重返正常功率运行工况。如果操作员重启高压加热器失败，则操作员启动程序使堆芯向热停堆状态过渡。

停堆状态时（状态 B），给水温度已经很低。因此，这种始发事件对电厂没有影响。

—从可控状态到安全停堆状态：

一旦余热排出系统（RIS 处于 RHR 模式）投入运行⑤，就意味着电厂达到了安全停堆状态。为了能够使机组达到安全停堆状态，需要执行下列动作（由操作员执行）：

- 反应堆冷却剂硼化⑥：

在反应堆冷却剂系统冷却期间，硼化是通过化学和容积控制系统（RCV）来完成。如果 RCV 不可用，则通过应急硼化系统（RBS）来实现。

- 反应堆冷却剂降温：

通过降低二次侧 VDA 的开启压力整定值⑦可以将机组温度冷却至 RIS 以 RHS 模式运行工况。在不受 VDA 排放能力限制的情况下，如果 RCV 或 2 列 RBS 可用，则 RCP 系统的冷却速率为 -50 ℃/h，如果仅 1 列 RBS 可用，则 RCP 系统的冷却速率为 -25 ℃/h。RBS 系统的设计确保硼化程度与反应堆冷却剂系统冷却所导致的反应性引入相匹配。冷却速率必须与 ASG 水箱的容量相匹配，这意味着在排空 ASG 水箱前即可达到余热排出系统的运行工况。

- 反应堆冷却剂降压

由操作员启动稳压器的正常或辅助 PZR 喷淋将 RCP 的压力降至 RIS 以 RHS 模式运行。如果稳压器喷淋不可用，则由稳压器的安全阀（PSV）来实现 RCP 系统的降压。⑧

所举例事件涉及到的安全特性（多个安全特性完成一个瞬态的控制）

图 3.5 DBC-2 工况“给水温度下降导致的给水系统故障”相关安全特性

① RGL-SF-B：触发落棒，由“DNBR”或“堆芯功率高”信号触发；RGL-SF-A：控制棒掉落。

② ARE-SF-A：ARE 大流量主给水管线隔离，由“反应堆停堆反馈”信号触发。

③ VDA-SF-B：主蒸汽释放阀开启，由“SG 压力高 1”信号触发。

④ ASG-SF-01：ASG 启动，由“SG 水位低 2，P13 非”信号触发；APG-SF-01：APG 隔离，与 ASG 启动同时触发。

⑤ RIS-SF-H：RHR 手动启动并连接；RIS-SF-L：安注罐手动隔离。

⑥ RBS-SF-A：手动注入高浓度硼水；RBS-SF-B：高浓度硼水贮存确保 SF-A；RBS-SF-C：RBS 停运（达到安全状态后）。

⑦ VDA-SF-B：手动调节 VDA 控制阀。

⑧ RCP－SF－A：开启 PZR 正常喷淋；RCP－SF－E：开关 PSRV 控制压力。

如上，针对每一个事故，分析并确定出要求用于缓解该事故的安全特性，运行技术规范规定相关设备可用性以确保能实现这些技术手段，由于各个事件或事故的初始条件或初始工况可能不一样，各个工况（运行模式）下的需要的安全特性可能也不一样。

确定OTS要求，首先需甄别所需系统的安全功能，为达到这些安全功能的目标再确定相应的安全特性。根据安全分析报告中各DBC和DEC工况甄别出所要求的各系统安全特性清单。某安全特性所有需要的设备可用确保了该安全特性的可用性，这些可用性要求即为运行技术规范的限值和条件。

根据上述理论，台山EPR运行技术规范方法定义了筛选运行限值和条件的6大准则，作为一个导则以甄别出安全特性对应的各个运行模式下（RP到RCD）的可用性要求，用以确保安全分析报告中的假设的到满足。这6个准则分别为：

> 准则一：符合DBC2-4的初始条件
>
> OTS要求中子通量水平、热工水力参数和放射性化学参数的变化范围保持在限值以内，并要求功能或系统的可用性配置以保证符合DBC 2-4事故研究中的主要初始条件。初始条件多来自行业标准、设备固有特性以及一些计算分析。

例如作为控制反应性手段的一回路硼浓度要求，属于事故分析初始条件中的化学参数。包括热停堆硼浓度、冷停堆硼浓度以及换料硼浓度：每个燃料循环的热停硼浓度是NS/SG模式所要求的最小硼浓度，其限值确保事件或事故瞬态（热停堆状态下长时间的控制棒不可控提出、状态B弹棒事故等）时的次临界度，热停堆硼浓度也遵守蒸汽管道破口时的安全准则。每个燃料循环的冷停堆硼浓度是至少有一台主泵在运行的NS/RIS-RHR模式所要求的最小硼浓度，其限值确保弹棒事故瞬态时的次临界度。每次换料后需更新热停堆硼浓度和冷停堆硼浓度值，它们是燃料状态的一个函数。换料硼浓度（主泵不在运行后硼浓度要求值）对应IRWST最低要求硼浓度。它在冷态零功率时提压力容器大盖或在严重事故时所用控制棒误提升时保证次临界。换料硼浓度与换料循环无关，等于天然硼浓度2 772 ppm（富集硼浓度1 468 ppm）。

技术规范要求和事件举例：

• 化学参数（一回路与稳压器间硼浓度差），OTS要求："一回路和稳压器之间硼-10浓度差必须小于9 ppm"。当不符合要求时，第1组事件，所采取的措施："1 h内通过稳压器喷淋以均匀一回路的硼浓度"。

• 热工参数（一回路压力、温度、水位），OTS要求："一回路冷却剂压力、温度、水装量必须维持在"总则"规定的区域内"。不符合要求时，第1组事件，所采取的措施："停止负荷跟踪和频率控制；1 h内将受影响的参数恢复到要求范围内。否则机组向RIS-RHR连接条件的NS/SG模式后撤。"

• 行业标准（一回路泄漏率），OTS要求："一回路非定量泄漏率必须小于230 L/h"。不符合要求时，第1组事件，所采取的措施："1 h内开始向NS/SG模式后撤"；OTS要求："一回路总泄漏率（定量+非定量）必须小于2 300 L/h"，不符合要求时，第1组事件，所采取的措施："1 h内开始在进入IAC工况的控制页面，触发一回路泄漏率平衡异常的OTS准则进入应急运行程序"。

注释:230 L/h 限值来源于美国核管会 NRC 的《反应堆冷却系统泄漏的监测导则》和现有的泄漏检测工具和方法的敏感度有关(NRC 每 5 年对该导则进行一次评价升版,最近一次在 2016 年 3 月进行,维持该泄漏率的数据,评价结果是不升版该导则),该导则认为 1 加仑每分钟为合理的最小可识别值,相当于 230 L/h。而总泄漏率的限值 2 300 L/h 来源于两方面的综合考虑:为不至于影响非定量泄漏率的检测,定量泄漏率比非定量泄漏率不能高太多,认为非定量泄漏率与总泄漏率为 1:10 的数量级是合理的;总泄漏率的限值应该远低于一回路的补偿能力。这些泄漏率限值并不取决于堆芯热工水力设计或一回路系统容积等参数的,因此 EPR 与 M310 机组泄漏率限值是一样的。机组运行期间,在非定量泄漏率达到 230 L/h 限值之前,应该尽快查找漏点采取措施消除漏点,否则达到限值时要在 OTS 规定的时间内后撤至低状态防止漏点恶化成 LOCA 事件(非定量泄漏率对第二道屏障的安全威胁来源于漏点未知或者无法随时跟踪泄漏率)。若总泄漏率达到 2 300 L/h 表示第二道屏障的完整性已受到了影响,根据 OTS 要求,操纵员生效一回路泄漏率异常的 CG 触发进入应急运行程序进行处理。

> 准则二:DBC2-4 中,自动动作阶段(即从事故发生到可控状态)需要用到的系统和设备(包括支持功能)
>
> OTS 要求以下设备(或功能)的有效性:
>
> —在 DBC2-4 事故分析中的自动阶段,确保反应堆停堆、保护系统或安全设备(F1A 级);
>
> —必要时,通过手动控制使机组达到可控状态的系统或设备,并包括必要的相关信息;
>
> —所有相关的支持功能。

技术规范要求和事件举例:

• 所有导致反应堆跳堆的 DBC 事故,需隔离大流量给水管线隔离阀,防止注入过多冷水引入正反应性。相应的安全特性:ARE-SF-A:大流量主给水管线隔离。OTS 要求:“四条给水管线的大流量给水隔离阀必须可关闭”。不符合要求时,第 1 组事件,所采取的措施:“功能失去冗余时(1 个隔离阀不能关闭):如果功率≥15%nP,3 天内降功率到 15%nP 以下。并关闭受影响列上的一个大流量给水隔离阀。如果功率<15%nP,功率保持在 15%nP 以下,同时确保受影响列上的一个大流量给水隔离阀关闭,3 天内完成维修;功能完全失去时(2 个隔离阀都不能关闭):1 h 内开始向 NS/RIS-RHR 模式后撤。”

注:F1A 级功能:

—在发生内部的 DBC—2 到 DBC—4 事故后,用于实现达到可控状态的所有安全功能都属于 F1A 级。

—其附属的支持功能也属于 F1A 级(除了那些在事故发生前已经处于运行状态,其运行状态不受初始事故的影响并且其可操作性不受初始事故的直接或间接后果的影响的功能)。

准则三:DBC2-4中达到并保持安全停堆状态所必须的系统和设备(事故研究中手动阶段或操纵员阶段)

OTS要求以下设备(或功能)有效性:

—DBC2-4事故分析中,确保机组达到并维持在安全停堆状态的系统或设备(事故分析中手动阶段或操纵员阶段—F1B级);

—所有相关支持功能;

—所有信息(F1级传感器探测):

- 在任何时候都能鉴别机组状态,用来选择最合适的控制策略的信息(SPA)
- 执行事故程序中需要的信息(ICPA)

技术规范要求和事件举例:

• DBC-2堆芯冷却剂流量部分丧失(丧失一台RCP泵),需使用到正常喷淋管线(降压)将机组达到并/或维持在安全停堆状态。相关的安全特性:RCP-SF-A:开启PZR正常喷淋。OTS要求:"两条稳压器正常喷淋管线必须可用"。不符合要求时,第1组事件,所采取的措施:"一条稳压器正常喷淋管线不可用,3天内开始向NS/RIS-RHR模式后撤;两条稳压器正常喷淋管线不可用,1 h内开始在进入IAC工况的控制页面,触发失去"正常喷淋"的OTS准则进入应急运行程序,向NS/RIS-RHR模式后撤。"

不满足准则2和3都影响到DBC工况的安全分析论证,通常这些情况都将导致第1组事件。但在某些特定情况下可为第2组事件,这些情况有:

—事故工况发生后该安全功能长时间使用,且在事故发生期间可进行维修;或

—安全功能部分失去,当可执行该相同功能的非安全级设备可作为冗余时;或

—一个用于诊断反应堆状态和安全壳状态的参数部分失去;或

—事故工况下进行某项操作所需的信息部分失去或完全丧失。

例如:

• RBS的同一个水箱1个或2个液位计(ICPA类仪表)不可用。这些液位计是事故后操纵员在应急运行中用于监视的信息。OTS要求:"ICPA信息必须可用"。不符合要求时,第2组事件,所采取的措施:"ICPA信息冗余失去时,14天内完成维修。ICPA信息完全失去,7天内完成维修"。

另外,设计上考虑DBC工况叠加火灾(火灾发生在事故达到可控状态后),EPR运行技术规范对用于处理火灾的设备的可用性也进行了要求。

例如:

• 针对消防方面的要求。OTS要求:"OTS要求可用的设备,其所在防火分区的消防必须可用"。不符合要求时,第2组事件,所采取的措施:"如果包含OTS要求可用设备的防火分区可接近,则3天内为该受影响防火分区提供移动消防设施。如果包含OTS要求可用设备的一个防火分区受影响,14天内完成维修。如果包含OTS要求可用设备的两个或两以上防火分区受影响,则7天内完成维修"。

注:F1B级功能:

—在发生内部的DBC—2到DBC—4事故后,用于实现从可控状态到安全停堆状态的并且维持在安全停堆状态的所有安全功能,都属于F1B级。

—此外，在电厂正常运行期间的故障将引起 DBC—3 或 DBC—4 事故的控制功能（特别是一回路系统的隔离）也属于 F1B 级。

> 准则四：设计扩展工况 DEC-A 的初始条件、所需系统和设备
> OTS 有以下要求：
> —中子通量水平、热工水力参数和放射性化学参数以及其他的 DEC-A 初始条件；
> —处理 DEC-A 以缓解事故后果的系统或设备的可用性，包括所有支持功能(F2 级)。

技术规范要求和事件举例：

• DEC-A 失去两列 PTR 主冷却列（完全丧失 RRI/SEC），需使用到 PTR 第 3 列来冷却乏燃料水池。相关的安全特性：PTR-SF-03：启动 PTR 应急冷却列。OTS 要求："第 3 列应急冷却列必须可用"。不符合要求时，第 2 组事件，所采取的措施："7 天内完成维修"。

对于失去 DEC-A 工况所需的信息，不满足 OTS 要求的情况仅仅是考虑如果该信息完全丧失，信息部分失去不导致一个事件。

> 准则五：设计扩展工况 DEC-B
> OTS 要求严重事故处理系统和所有的相关支持系统（F2 级）都可用
> —限制和控制堆芯熔化；
> —DEC-B 中减少大量放射性释放的风险。

技术规范要求和事件举例：

• 严重事故工况下，需手动隔离安全壳贯穿件的严重事故隔离阀。相关的安全特性：SAI-SF-01：严重事故期间安全壳隔离。OTS 要求："确保安全壳隔离的阀门必须关闭或可关闭且密封（注：该要求不仅包括严重事故隔离阀）"。不符合要求时，第 2 组事件，所采取的措施："1 个月内完成维修"。

注：F2 级功能：

—在发生 DEC—A 事故后，用于实现达到和维持在最终状态的安全功能属于 F2 级。

—此外，以下功能也属于 F2 级：

—在发生 DEC—B 事故后，用于阻止放射性大量释放的功能；

—用于监测和控制外部灾害（如果其是按事件导向法研究的）和内部灾害而特别设计的功能；

—正常运行期间，涉及放射性监测和控制的功能；

—由于其屏蔽功能而被定义为机械分级的系统部分以及在一个系统中两个不同机械等级的部分之间的隔离功能；

——一些额外的功能，对于维持安全停堆状态不是很重要但却可能用得上，比如在 24～72 h 期间维持安全停堆状态的功能；

—某些限制功能；

—正常运行期间，用于监测 F1 级功能或部件的状态的功能。

> 准则六：与三道屏障完整性相关的准则
>
> OTS 要求在事故工况下三道屏障应遵守的限值，及保证有效的和持续的包容功能的可用性，包括：
>
> —确保和宣布事故工况下屏障完整性的设计限值；
>
> —事故工况下保护屏障完整性的功能，其故障将影响屏障的完整性；
>
> —事故工况下确保核岛厂房和主控室的包容性的限值和功能。
>
> 注：其中有些功能可能包含在准则 2-5 中。

技术规范要求和事件举例：

• DBC 或 DEC 工况下，安全壳的密封性需保证（放射性后果需满足要求）。相关的安全特性：EPP-SF-02：安全壳及其贯穿件密封性。OTS 要求："内层安全壳及其贯穿件的总泄漏率不应超过 0.3%vol/天（vol=内层安全壳容积），且通过 B 类和 C 类贯穿件直接泄漏量不应超过安全壳最大允许泄漏量的 60%"。不符合要求时，第 1 组事件，所采取的措施："查找泄漏。7 天内开始向 TRCP<90 ℃的 NS/RIS-RHR 模式后撤"。

• 通过 REN 对一回路取样并没有直接在任何 DBC 分析中有要求，但通过放射性水平监测可判断燃料包壳是否破损，以确保第一道屏障的完整性。OTS 要求："从 RCP 的一次侧取样必须可用"。不符合要求时，第 2 组事件，所采取的措施："7 天内完成维修"。

• DEC-A 工况（比如：SBO、完全丧失 RRI/SEC），主泵静止轴封动作确保 RCPB 完整性。相关的安全特性：RCP-SF-B：主泵静止轴封系统动作和运行。OTS 要求："4 台主泵的静止轴封系统（SSSS）必须可用"。不符合要求时，第 2 组事件，所采取的措施："7 天内完成维修"。

注：以上 6 个准则所举的例子并不是唯一的，且某个安全特性可能需同时满足多个准则，比如某项功能是用来达到并维持在安全停堆状态（准则 3），同时又是用来保证屏障完整性（准则 6）。

2）非安全分析的要求

台山 EPR 运行技术规范还增加了事故假设安全分析之外的要求，即对事故分析中不使用到的系统和设备的要求。涉及到某些正常运行功能、辐射防护和环境等方面要求。这些内容包括 NNOF 和 DBC 1 两部分。

NNOF（核蒸汽供应系统正常运行功能）：

NNOF（NSSS Normal Operating Function 核蒸汽供应系统正常运行功能）这些功能在事故分析中不是必须要使用到的，但丧失这些正常运行功能后，不能使用正常的运行规程使机组维持在当前的稳定状态或不能使用正常的运行规程使机组撤至后备模式，必须使用状态导向法内的替代方法才能实现后撤（即只能通过应急运行程序来处理）。

当这些功能出现了不可用，需要使用到专设安全系统，通过专设安全系统控制机组，运行技术规范指引进入应急运行程序，虽然这时并未发生事件或事故。

台山 EPR 机组的 NNOF 有：

◆ 正常喷淋；

◆ 主泵；

◆ GCT；

◆ RCV 上充和主泵轴封注入；

◆ REA 硼酸注入；

◆ RHR(余热导出)。

技术规范要求和事件举例：

• REA 硼酸注入功能不可用，必要时需使用应急硼化功能(RBS 系统)，通过应急运行程序稳定机组或进行硼化。OTS 要求："REA 硼酸注入功能(NNOF)必须可用"。不符合要求时，第 2 组事件，所采取的措施："1 个月内完成维修。"当该事件也可能转为第 1 组事件："① 如果机组 OTS 参数不能稳定在要求范围之内，则为第 1 组事件，1 h 内开始在进入 IAC 工况的控制页面，触发失去 NNOF'REA 硼酸注入'的 OTS 准则进入应急运行程序，后撤至后备模式并硼化到换料硼浓度。② 如果有其他 OTS 第 1 组事件需要执行后撤时，则为第 1 组事件，8 h 内开始在进入 IAC 工况的控制页面，触发失去 NNOF'REA 硼酸注入'的 OTS 准则进入应急运行程序，后撤至后备模式并硼化到换料硼浓度。后备模式为 NS/SG 模式或可能的其他 OTS 事件所要求的模式中更低的"。

DBC-1(正常运行瞬态)：

DBC-1 为事故分析之外，但由于其特殊的重要性考虑，须将其放入到运行技术规范中。内容为正常运行要求部分，包括消防、辐射防护、环境保护(三废和排放)、纵深防御(如辅助电源)以及个别与机组可用性相关的要求。这些内容不在事故假设分析中，也就是说事故处理不会用到这些系统，他们只是在正常运行工况下的要求。比如消防系统可用性，正常运行工况下测量放射性的 KRT 探头可用性(事故工况下使用的 KRT 探头属于前面介绍的准则三的要求)，机组上行时对除盐水体积要求，机组下行时对接收冷却剂的罐子容积要求，正常运行工况下废气压缩机可用性，正常运行工况烟囱排放速率要求，辅助电源可用性等。因这些设备都不参与事故分析，当其出现不可用时基本都为第 2 组事件。

技术规范要求和事件举例：

• 当 DWN 烟囱流量低于 180 000 m^3/h 时，无法满足环境排放要求(7 m/s 的速率)。OTS 要求："烟囱流量必须高于 180 000 m^3/h"。不符合要求时，第 2 组事件，所采取的措施："停止气体废物排放。3 天内将烟囱流量恢复至高于 180 000 m^3/h"。

3.1.3　运行技术规范事件的确定

3.1.3.1　不遵守 OTS 要求的处理

OTS 的要求被确定后，当机组出现与这些要求不一致时，EPR 运行技术规范规定了需要采取的处理措施。这些措施的执行可确保机组维持在或者恢复到安全或相对安全的状态。

根据不同的情况所采取的措施也有所区别：

—与要求不一致，需采取特别的措施(缓解、补救措施和/或在规定时间内后撤到后备模式以确保基本安全功能得到遵守)。这种情况就是技术规范中的"事件"。

—与要求不一致，无需采取特别的措施(这种情况相当于不可控的超出了正常运行区域，这时唯一的行动就是尽快恢复到正常运行状态，或立即开始执行应急运行程序)。

3.1.3.2　事件的定义与分组

根据上述准则确定了 OTS 要求(运行限值和条件)，当不遵守这些要求时定义了相应

“事件”。所谓“事件”在 OTS 中的定义为：所有与 OTS 要求不一致的情况（要求的安全特性不可用，或超出正常运行限值）均被称为事件。

因 DBC 与 DEC 事故假设不同，安全分析不同，因此应对 DBC 工况的设备不可用与应对 DEC 工况的设备不可用的管理方式也不一样，在 OTS 中引入两组事件以处理这些不同，即：第 1 组事件和第 2 组事件。事件分组是按照他们对安全论证的影响。对于第 1 组事件，通常需给出后备模式或维修期限（对于初始状态已处于最安全模式的第 1 组事件）。后备模式是，该模式下满足三大基本安全功能或设备不可用导致的风险已降低。第 2 组事件，仅给出了不可用设备的维修期限和/或补救措施。

如果与技术规范要求不一致的情况影响到 DBC 安全分析中的安全准则和相关的放射性后果，那么该事件定义为第 1 组事件。通常会导致第 1 组事件的情况有：违反 DBC 安全分析的初始条件；违反 OTS 中关于某一用来处理 DBC2-4 事故的设备（F1 级）的要求。

其他与技术规范要求不一致的事件为第 2 组事件。会导致第 2 组事件的情况有：违反 OTS 中关于仅用来处理 DEC 事故的设备（F2 级）的要求；违反 OTS 中关于操纵员在事故后用来监控应急操作所需信息的要求；违反 OTS 中关于会影响到放射性包容屏障完整性控制的要求，即使在事故分析中没有用到；违反 OTS 中关于应对火灾事件（在事故发生并达到可控状态后发生火灾）的设备的要求；违反 OTS 中关于应对 DBC1 的设备的要求。

对于第 1 组事件：

—需后撤并维持在最佳的安全模式；

—如果初始状态已经是偏安全的，执行维修操作；

—采取其他的缓解或补救措施以满足安全论证。

第 2 组：

—不考虑后撤，仅执行维修操作和采取相应的缓解或补救措施；

—修复操作目的是确保电厂不长期维持在一个降级的状态下运行；

—修复时间考虑维修（更换时间）和再鉴定所需的实际情况。

3.1.3.3　后备模式的确定

如果所要求的设备出现了不可用（对于第 1 组事件），机组需要后撤到并维持在最佳的安全模式，这个最佳的安全模式在 OTS 中定义为后备模式。后备模式的选择需考虑设备不可用的类型、初始运行的模式以及达到后备模式所不可避免的瞬态（图 3.6）。

除后撤外，根据机组当前情况，OTS 中的事件也规定了其他的缓解或补救措施以满足安全论证，比如：停止燃料操作、隔离稀释源、停止负荷跟踪和频率控制……

后撤通常是通过正常运行程序（正常运行策略、系统运行程序和报警手册等）来实现的，除非 OTS 中明确要求用应急程序后撤或稳定机组（比如：当 NNOF 不可用时）。

后备模式是最佳的安全模式，具有以下特性：

—尽管 OTS 所要求设备出现了不可用，在后备模式下三大基本安全功能的控制仍能得到保证；

—或许在后备模式下相应的安全特性仍然有所要求，但是该安全特性不可用所导致的风险增量比在初始模式下要小得多（确定论分析）；

—后备模式的选择同时也考虑了后撤瞬态过程中将产生的风险（比如：在 RP，NS/SG 或 NS/RIS-RHR 模式需进行后撤，后撤瞬态若包括开启反应堆压力容器顶盖则认为是不可

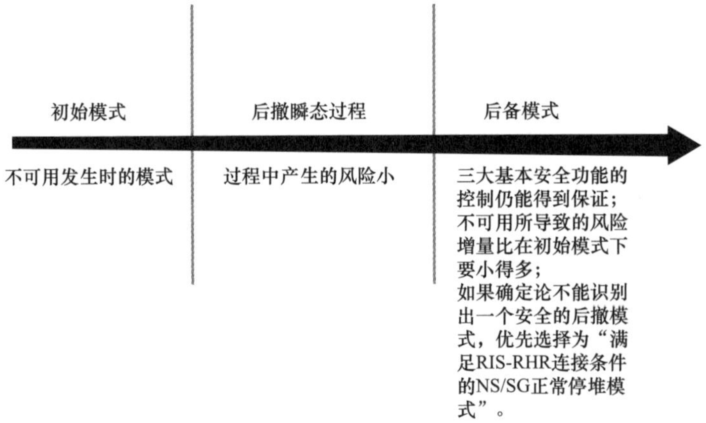

图 3.6　后撤模式定义

接受的)；

—如果确定论不能识别出一个安全的后备模式，那么后备模式优先选择为“满足 RIS-RHR 连接条件的 NS/SG 正常停堆模式”，因为此时有两种可用的热量导出方式(蒸汽发生器 SG 和余热导出系统 RHRS)。

技术规范要求和事件举例：

• RP 和 NS/SG 模式，OTS 要求：“每条 ASG 注入管线的隔离阀必须可关闭”。当 ASG 注入管线隔离阀出现不可用，后备模式是 NS/RIS-RHR，因为在该模式下这个安全特性已不再要求了。

• RP 和 PRCP＞70 bar. a 的 NS/SG 模式下 OTS 对安注罐可隔离有要求。当出现隔离不可用，后备模式为当前的运行模式，所采取的措施为维修。该功能在 PRCP＜70 bar. a 的 NS/SG 模式下不再要求，因为按照机组正常上下行的操作规程，此时的安注罐已被隔离了。因此理论上 PRCP＜70 bar. a 的状态都可作为后备模式。但是如果当安注罐隔离装置不可用，这时对一回路降压将导致安注罐排放到一回路中，即导致不必要的安注，这是不允许的。也就是说这种情况后撤并不是更安全的措施，尽快维修，恢复设备可用性是更好的办法。

• 从 RP 模式到 RCS 模式，OTS 对两列 RBS 应急硼化系统都有要求。当在 RP 模式或 NS/SG 模式出现不可用时，因为没有更偏安全的模式(因为 RP 到 RCS 都要求可用)，后备模式选择的是满足 RIS-RHR 连接条件的 NS/SG 模式，并规定了一些缓解措施防止发生误稀释，例如这些措施有：隔离硼-10 浓度低于冷停堆硼浓度的所有来水；确保 IRWST 补给水的可操作性。

• 从 RP 到 MCS 模式 OTS 要求 4 列中压安注 MHSI 可用(要求 3 列可用以满足 DBC、再增加 1 列可用以满足 DEC 事故分析)，RCS 模式 OTS 要求 2 列 MHSI 可用。当在 RP 模式出现 2 列 MHSI 不可用时，理论上的安全模式为 RCS 模式，因为 RCS 模式下只要求 2 列 MHSI 可用，但实际上这是不允许的，因为若要达到 RCS 模式中间须经过 NS/RIS-RHR 模式，而在 NS/RIS-RHR 模式下要求了 4 列 MHSI 可用以满足 DBC 的事故分析。因此后备模式选择为满足 RIS-RHR 连接条件的 NS/SG 模式。

3.1.3.4　后撤时间的确定

第 1 组事件的后撤时间：

开始后撤时间是基于确定论的分析，是机组必须开始后撤的最大时限（见图 3.7）。

在开始后撤时间内，可考虑：

—诊断确认（或失效确认），

—对系统或设备进行维修和再鉴定。

或者

—如果在开始后撤时间内不能维修，准备后撤。

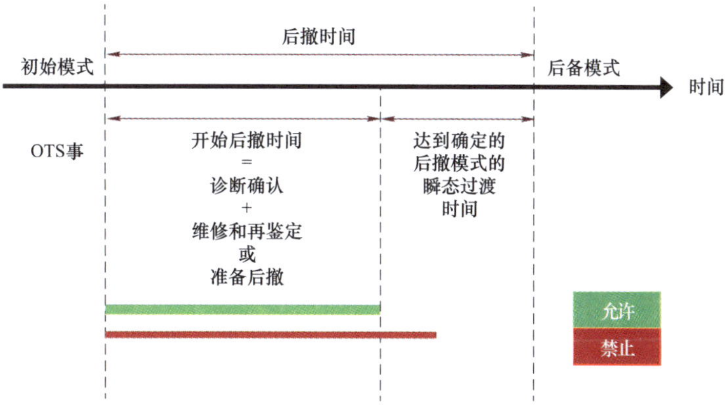

图 3.7 维修再鉴定最大完成时间

同时，必须执行以下操作：

• 一旦探测到设备不可用，确认 OTS 要求的冗余设备的可用性；

• 确认导致不可用的原因或状况不引起其他不可用。

对于随机事件，后撤的最大时间期限可能要评估如下因素：

不可用所维持的状态期间堆熔风险（或堆芯损坏概率增量）；

由后撤瞬态和停留在后备模式引入的风险。

要求的期限必须与考虑了电厂组织成功执行强制行动所需的实际时间一致。

开始后撤时间的确定首先基于确定论。确定论选择了几个典型的系统进行分析，比如 RIS 和 ASG，分析所选系统的每一列发生不可用时可以接受的时间，失去冗余时可接受时间各为多少，功能完全失去时可接受的时间各为多少，最后在所有的时间中选择一个为确定的时间，并运用到其他的系统上，但该时间的确定是保守的。

因此，开始后撤时间的确定首先基于以下规则（确定论）：

—设备的不可用导致安全特性失去冗余，不满足单一故障准则，3 天内必须开始后撤；

—设备的不可用导致安全特性完全失去，不能执行某安全功能，1 h 内必须开始后撤。

技术规范要求和事件举例：

• DBC 事故分析中要求一列 RBS 可用。因此 OTS 要求两列 RBS 可用：一列要求以处理 DBC 事故，一列要求以满足单一故障准则 SFC（Single Failure Criterion）。如果出现 1 列 RBS 不可用，因为 SFC 不再满足，3 天内必须开始后撤。如果出现 2 列 RBS 不可用，安全特性完全失去，该安全功能不能执行，1 h 内必须开始后撤。

• 若涉及到 2 个或 3 个 SFC 不满足（比如 KRT、JDT、RPR 功能、PAM 功能传感器等），后撤时间将缩短（已使用累积规则并在需采取的措施中明确指出），但取决于系统功能的区别。

开始后撤时间的确定补充规则：

—设备的不可用导致安全特性完全失去，但该不可用状态可能在 8 h 内恢复，8 h 内必须开始后撤。（考虑到后撤瞬态过程中存在风险，若能够尽快恢复可用状态，则恢复可用比 1 h 内开始后撤更偏安全。）

—设备的不可用导致安全特性完全失去，基于工程判断如果该安全特性不属于一个一线系统，开始后撤时间可延长到 8 h，8 h 内必须开始后撤。

—如果一个事件触发第 1 组事件准则，但基于工程判断和运行经验反馈，该事件对安全影响较低，则开始后撤时间可以用 7 天。

—如果不同第 1 组事件累积（例如在 RIS 系统中），开始后撤时间可以用 24 h。该累积原则适用于影响到两个不同系统功能的事件。

—对于要求开始后撤时间为 1 h 的第 1 组事件中，仅以下几种情况，开始后撤时间允许延长到 3 天：

• 后撤到安全状态过程中的瞬态带来的风险要大于保持在当前状态的风险；

• 已经达到了最安全状态；

• 不可用影响了一个支持系统，该支持系统支持的安全功能允许有 3 天的维修期限；

• 不可用的安全特性仅仅是一个安全特性的子特性，该子特性的丧失仅导致该安全特性的单一故障准则不满足；

• 安全特性在所有状态都要求可用，不可用后不存在一个更安全的状态。

技术规范要求和事件举例：

• ASG 水箱可用性（温度、水位参数或在线）。当一个水箱不可用时，安全特性完全失去，但该不可用状态可能在 8 h 内恢复，8 h 内必须开始后撤。考虑到后撤瞬态过程中存在风险，尽快恢复可用比直接要求后撤更偏安全。

• 燃料厂房正常通风管线上的两个 DWK 隔离风门都不可用，安全特性完全失去，但基于工程分析该安全特性不属于一线系统，8 h 内必须开始后撤。

• 内层安全壳及其贯穿件的总体泄漏率超过 0.3%vol/天，基于工程判断和运行经验反馈，该事件对安全影响较低，开始后撤时间为 7 天。

• 相同系统中不同功能（比如 RIS 中压安注和低压安注）的第 1 组事件累积，开始后撤时间为 24 h。

3.1.3.5　维修期限的确定

◆ 第 1 组事件的维修期限

如果初始状态已经是偏安全的，则仅要求执行维修操作。

除维修外，根据机组当前情况，OTS 中的事件也规定了其他的缓解或补救措施以满足安全论证。

维修操作，包括：

—诊断的确认（或无效）；

—进行维修；

—对系统或设备进行再鉴定。

最大的维修期限，包含：

—通过确定论分析得出的完成时间(同于开始后撤时间的确定论规则:1 h,8 h,24 h,3 天);

—设备维修所必需的"合理的"最小时间(比如泵 3 天,阀门 24 h,仪控柜 8 h,1 h 属非"合理的"时间)。

因此,维修期限的确定基于以下规则:

—设备的不可用导致安全特性失去冗余,不满足单一故障准则,3 天内必须完成维修;

—电气盘、柴油发电机的一个安全特性完全失去,3 天内必须完成维修;

—机械部件、通风/过滤部件的一个安全特性完全失去,3 天内必须完成维修;

—例外情况:如果是阀门或风门不可用,24 h 内必须完成维修;

—仪控组件、仪控柜的一个安全特性完全失去,8 h 内必须完成维修。

技术规范要求和事件举例:

• NS/RIS-RHR 模式下,某电气盘出现不可用,不满足 SFC 或者其安全特性完全失去,3 天内必须完成维修。

• NS/RIS-RHR 模式下,一条乏池补水管线不可用,不满足 SFC,3 天内必须完成维修。两条乏池补水管线不可用,机械部件的一个安全特性完全失去,3 天(或 24 h)内必须完成维修。

• NS/RIS-RHR 模式下,RPR 传感器不可用。该仪控组件的安全特性完全失去,8 h 内必须完成维修。

◆ 第 2 组事件的维修期限

当存在第 2 组事件时,核安全分析(设计基准事故分析)仍然满足。根据 OTS 要求和事件的制定规则,第 2 组事件不考虑后撤,仅执行维修操作和采取相应的缓解或补救措施。修复时间是用确定论方法来定义的,修复时间的选择考虑了维修(更换时间)和再鉴定所需标准时间的实际情况及其合理性。第 2 组事件的修复操作目的是确保电厂不长期维持在一个降级的状态下运行。

维修操作,包括:

—诊断的确认(或无效);

—进行维修;

—对系统或设备进行再鉴定。

维修期限的确定基于以下规则:

—不可用导致安全特性失去冗余,14 天内必须完成维修;

—不可用导致安全特性完全失去,7 天内必须完成维修;

—基于工程判断和运行经验反馈,30 天内必须完成维修;

—非安全分析相关系统不可用,30 天内必须完成维修。

技术规范要求和事件举例:

• SBO 柴油发电机:失去冗余时维修期限为 14 天,完全失去时维修期限为 7 天。

• PTR 第 3 列不可用,维修期限为 7 天。

• 如果有必要需采取其他的缓解措施,如:监测核辅助厂房地坑放射性的 KRT 通道不可用,维修期限为 7 天,并采取其他的缓解措施,例如取样并在实验室进行评估。

• 如果有冗余或补救措施得以正确实施,定义 1 月的维修时间。如:主控室的一个

OWP(工作站)不可用,缓解措施是重新分配可用的 OWP,维修时间可为 1 个月。

• RP 模式下一列中压安注 MHSI 不可用。该不可用仅影响到 DEC 事故的处理。7 天的维修期限,但考虑到维修工作的约束,维修期限延长到 1 个月。仅对于处理 DEC 事件所要求的设备,考虑维修限制,时间延长是逐个分析得出的。

• 对处理 DBC 2-4 或 DEC 事件的 ICPA 信息(已使用累积规则并在需采取的措施中明确指出):ICPA 信息失去冗余:如果涉及两个信息则维修期限为 14 天或 7 天,如果涉及 3 个或更多信息则维修期限为 3 天。ICPA 信息完全失去:如果涉及两个信息则维修期限为 7 天或 3 天,如果涉及 3 个或更多信息则维修期限为 24 h。

3.1.3.6 其他定义

限制条件与特殊规定:

执行预防性操作或正常运行操作必须遵守 OTS 要求,但是在 OTS 中明确指出的一些计划性的操作,当且仅当满足一些条件时允许产生不满足 OTS 要求而导致第一组事件的设备不可用:限制条件,允许机组不严格符合技术规范要求。特殊规定,允许机组不符合技术规范要求,但是由于相应的缓解措施保证了核安全论证仍然得到满足。

这些条件仅仅用于必需的运行和维修操作且必须严格执行,必须遵守这些操作所规定的时间限制。如果不能避免因执行预防性维修或正常运行活动而引起的第 1 组事件(在计划的操作前采取了缓解措施也不能避免),定义了限制条件。因执行限制条件时不能确保遵守安全论证(即不可避免产引起第 1 组事件),限制条件必须限定执行必要的瞬态或维修活动所需的时间,该限定时间根据 PSA 模型分析给出,通常是通过堆芯融化概率计算获得,也有来自依据工程判断。同时,限制条件可能须采取一些预防措施或缓解措施。

限制条件允许进行偏离 OTS 要求的操作。这些限制条件必须且仅仅是用于执行必要的操作(运行、维修或检查)。限制条件通常要有特别的预防措施或缓解措施。根据核安全分析的保守原则,执行限制条件必须等同于导致一个第 1 组事件。因此,如果机组已有一个第 1 组事件则禁止会产生第 1 组事件的预防性维修、定期试验或正常运行操作。但由于限制条件和第 1 组随机事件使用的策略不同,限制条件不当作相应第 1 组的随机事件。实际上限制条件策略所要求的缓解措施不降低堆芯损坏的风险,而第 1 组随机事件策略则要求减少设备不可用时间。此外,执行限制条件为计划性的工作,计划事件针对的是特定设备的不可用,而第 1 组随机事件则是必须包括所有的潜在的系统不可用,甚至是最苛刻的情况。最后,计划事件是受控的,由于知道了设备的不可用和恢复时间,由于缓解措施的执行。然而,如果某个第 1 组随机事件使得限制条件的缓解措施无效,限制条件的安全假设就不满足。限制条件需当作相应的第 1 组随机事件,同时需执行相应的事件累积规则。

技术规范要求和事件举例:

• 在 RIS-RHR 模式要求设备舱门关闭,若有必需的操作(运输设备进入反应堆厂房)需开启设备舱门,期间不能确保遵守安全论证(包容功能不能保证)。此时定义开启设备舱门的限制条件,必须遵守其中的一些缓解措施及时间限制才能开启。

• RP 模式要求 LJF/G/H/I 配电盘可用,若进行预防性维修操作,设置交叉供电期间需要先断开电源,期间不能确保遵守安全论证(下游负荷失电)。此时定义执行交叉供电的限制条件,必须遵守其中的一些缓解措施及时间限制才能执行。

特殊规定的目的是规定预防措施,采取该措施后以避免因执行预防性维修活动引起的计划的第 1 组事件。这些特殊规定的目标是确保事故分析中假设的初始条件仍然满足，以免预防性维修活动导致的不遵守技术规范的要求。

为对某一系统进行预防性维修而设置特殊规定的目的，是在要求的系统不可用时仍然确保安全论证得到满足，从而不产生第 1 组不可用事件。因此，执行特殊规定减少由于进行预防性维修带来的风险。特殊规定并不是基于堆芯融化计算的而是基于系统设计、工程判断和安全分析得来的。根据受影响的安全功能和产生的事件，特殊的预防缓解措施补偿了由设备不可用造成的影响且保证了安全功能不受到影响。

技术规范要求和事件举例：

• RP 模式要求 4 台 EDG 可用，若执行了特殊规定中的缓解措施，一台 EDG 允许不可用。比如因执行了交叉供电，下游安全负荷的应急电源仍然可保证，所有缓解措施的执行确保安全分析论证得到满足。

• RP 模式要求 2 列 PTR 主冷却列可用，若执行了特殊规定中的缓解措施，一列 PTR 主冷却列允许不可用。缓解措施确保安全分析论证得到满足。

燃料厂房事件：

针对燃料厂房相关设备故障，台山 EPR 技术规范中专门区分出燃料厂房事件（Fuel Building event），标记了 FB 的事件。这类事件仅与燃料厂房相关安全特性的不可用有关。涉及的系统主要有：PTR、RRI、DWK、DWL，这些系统在各个模式下都有标记了 FB 的事件条款。而在 RCD 模式（所有燃料都在燃料厂房的乏燃料水池）下要求可用的系统的大多数事件条款都是标记了 FB 的事件，这些系统包括：PTR、RRI、DWK、SEC、DVS、DWL、PAMS、RPR、SRU、SAR、KRT、KIC、KCO、ASG、消防系统（包括相关通风系统的防火风门）等。此类事件仅与燃料厂房相关安全特性相关，无机组后撤要求，不执行累积规则中的后撤规则，但累积规则中的消除规则需执行。

由于 OTS 不适用于应急运行工况，若燃料厂房工况恶化，一旦趋向要执行 EOP 时，就不再考虑这些标记 FB 的事件了。但若在执行“燃料厂房事件”的 EOP 期间，如果其他厂房相关设备出现了不可用，相应的 OTS 事件条款仍须执行。

3.1.4　运行技术规范的遵守

严格遵守运行技术规范是保证机组在整个寿期内安全的、坚定不移的原则。

运行技术规范是在机组正常运行期间，确保公众与工作人员的安全必须遵守的最低技术规则。这些规则的执行确保安全级系统在事件或事故工况下能够正确运行。如果不能满足运行技术规范要求，则相应的安全论证得不到满足，如果发生相应的假象事故，电厂不能按设计预期的序列进行控制，或者机组运行在未经过安全分析论证的范围，存在一定的风险或者可能导致一定的后果，如图 3.8 所示。

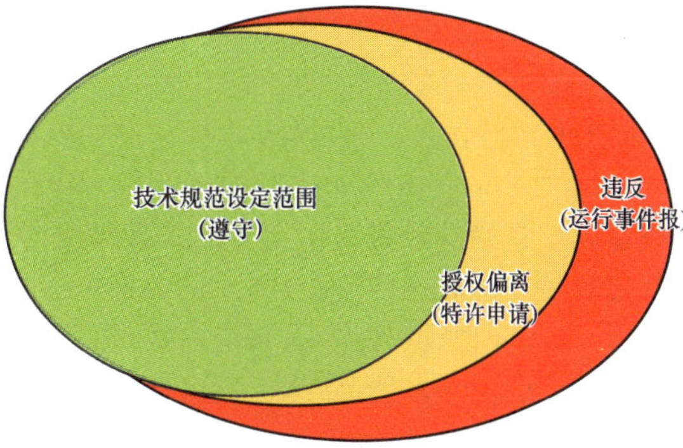

图 3.8　运行技术规范遵守简图

某些情况下，不能严格遵守技术规范或者严格遵守规范反而会导致安全水平的降低，这时，电厂须向国家核安全局提交特许申请。特许申请必须精确地确认修改规则，包括风险分析、补救措施描述和所有必要的论证，确保安全能够得到保障或可以接受。

所有不符合运行技术规范的运行情况都必须以电厂运行事件的形式向国家核安全局报告。同时须采取相应的缓解或补充措施，或者尽快恢复到满足技术规范的规定范围。

根据国家核安全局统一要求，国内使用法系运行技术规范的核电厂需对相应的法系运行技术规范需进行优化，主要参考 10CFR 50.36。联邦法规 10CFR 第 50.36 节“技术规格书”中，核管理委员会(NRC)制定了关于技术规格书内容的核安全管理要求。NRC 在其中强调了那些与防止事故发生和缓解事故后果有关的事项；10CFR50.36 规定了确定运行限制条件的 4 条准则。因此优化后的运行限制条件筛选准则主要考虑：用于主控室探测、指示反应堆冷却剂压力边界性能明显异常恶化的仪表；作为设计基准事故或瞬态分析初始条件的过程变量、设计特征或运行限制，这些事故或瞬态能使某个裂变产物的屏障失效或危及其完整性；作为重要成功途径的构筑物、系统或部件，它们的功能或触发能缓解一个设计基准事故或瞬态，这些设计基准事故或瞬态能使某个裂变产物屏障失效或危及其完整性；运行经验或概率风险评价已经证明对公众健康和安全重要的构筑物、系统或部件。

台山核电厂 1/2 号 EPR 机组当前的运行技术规范也属于法系规范，后续也将进行适应性优化，但其中的核心内容(核安全直接相关的内容)不会有大的改变。

3.2 机组状态转换控制点

根据电厂对核安全的管理要求，在不同的停堆模式下及模式转换的控制点释放之前，必须检查机组状态与运行技术规范要求的一致性，以确保运行技术规范的遵守。控制点程序实质上是运行技术规范安全要求的细化，即将每一条 OTS 要求转化为具体的、可执行的、明确的指令。控制点程序包括三类：静态控制点程序(SHP)、动态控制点程序(DHP)和反应堆状态安全检查程序(RHP)。

• 静态控制点程序(SHP)：用于在不同的模式下对运行技术规范一致性的验证和检查，以确保机组状态满足运行技术规范的安全要求，共 5 份。除 RP 模式外，即从 NS/SG 到 RCD 的 5 个模式分别编制一份 SHP 程序。

• 动态控制点程序(DHP)：用于检查机组模式过渡所必须的设备的可用性，根据运行技术规范各模式/状态之间的要求差异编写，在机组模式过渡前最后时刻执行，以检查对运行技术规范遵守的情况，共 11 份。

(1) 从 RP 到 NS/SG 模式属于机组下行/后撤，理论上为更安全状态，且除“硼浓度”要求不同及某些“特殊规定”外，无其他新增要求，故从 RP 到 NS/SG 模式没有 DHP 程序；(2) RCS模式包含了 RCD 模式的所有要求内容，所以从 RCS 到 RCD 模式没有 DHP 程序。

• 反应堆状态安全检查程序(RHP)：用于检查“机组状态转换/操作符合安全要求及所需设备处于良好的状态”，在反应堆状态改变之前提前执行，以尽早消除所发现的不符合项，顺利实现反应堆状态的改变，共 6 份。检查的内容具体包括：对核安全局的承诺、行政隔离、定期试验、工作票、票外作业、系统在线、再鉴定、文件升版、TSD 和 TCA、偏差单、防火分区完整性、动火证、现场物品存放、厂房清洁、设备改造以及改造后文件修改等。

控制点程序设置，如图 3.9 所示。

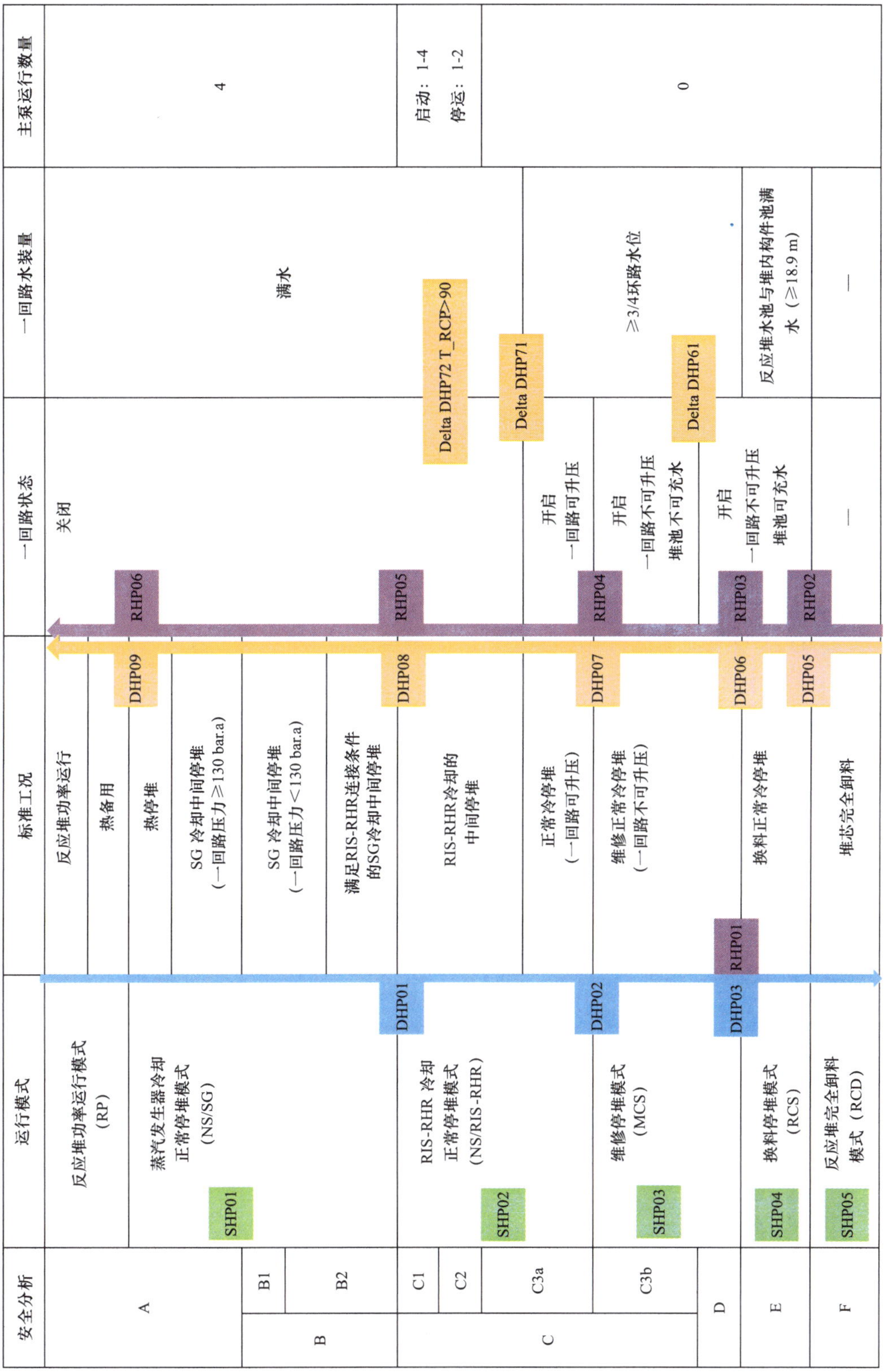
安全分析
运行模式
标准工况
一回路状态
一回路水装量
主泵运行数量
A
B
B1
B2
C
C1
C2
C3a
C3b
D
E
F
反应堆功率运行模式
(RP)
蒸汽发生器冷却
正常停堆模式
(NS/SG)
SHP01
RIS-RHR 冷却
正常停堆模式
(NS/RIS-RHR)
SHP02
维修停堆模式
(MCS)
SHP03
换料停堆模式
(RCS)
SHP04
反应堆完全卸料
模式（RCD）
SHP05
DHP01
DHP02
DHP03
RHP01
反应堆功率运行
热备用
热停堆
SG 冷却中间停堆
(一回路压力≥130 bar.a)
SG 冷却中间停堆
(一回路压力＜130 bar.a)
满足RIS-RHR连接条件
的SG冷却中间停堆
RIS-RHR冷却的
中间停堆
正常冷停堆
(一回路可升压)
维修正常冷停堆
(一回路不可升压)
换料正常冷停堆
堆芯完全卸料
DHP09
DHP08
DHP07
DHP06
DHP05
RHP06
RHP05
RHP04
RHP03
RHP02
关闭
开启
一回路可升压
开启
一回路不可升压
堆池不可充水
开启
一回路不可升压
堆池可充水
—
Delta DHP72 T_RCP>90
Delta DHP71
Delta DHP61
满水
≥3/4环路水位
反应堆水池与堆内构件池满
水（≥18.9 m）
—
4
启动：1-4
停运：1-2
0

图 3.9　控制点程序设置

3.3　定期试验

3.3.1　法规要求

HAF103《核动力厂运行安全规定》规定了营运单位必须制定并实施安全重要构筑物、系统和部件的维修、试验、监督和检查的大纲，该大纲在装料前必须完成并可供国家核安全监管部门查阅。大纲必须考虑运行限值和条件以及其他适用的核安全管理要求，并且还必须根据运行经验进行重新评价。

在 HAD103-09《核电厂安全重要物项的监督》中进行更加详细的规定，核电厂营运单位必须确保有足够的监督活动，以便验证核电厂是在规定的运行限值和条件下运行，并及时查明构筑物、系统和部件的各种性能下降以及可能导致不安全工况的任何不良趋向。这些监督活动可分为下述四类：

(1) 监测核电厂参数和系统状态；

(2) 校准和标定仪表；

(3) 试验和检查构筑物、系统和部件；

(4) 评价(1)～(3)项的结果。

《安全相关系统和设备定期试验监督要求》正是承接自上述国家法规的一份重要管理程序。其属于 FSAR 第 16 章—技术规格书的其中一个章节。电厂使用的《安全相关系统和设备定期试验监督大纲》(简称 PT 大纲)则是电厂内部使用的更加细化的技术纲领性文件。

核电厂的众多系统中如何来选择和确定哪些是安全相关的系统呢？

在 FSAR 3.2 节对 EPR 的系统分级原则进行了规定，同时对于安全相关的系统，根据其实现的安全功能，又被分为了 F1A/F1B/F2 级。对于这些分级的系统和设备，又有如表 3.1 中的具体要求，其中定期试验就是其中的设计要求之一(表 3.1 摘自 FSAR B 版 3.2 节)。

表 3.1　安全分级与相应要求

安全级系统	非能动单一故障准则	能动单一故障准则	实体和电气隔离	应急供电(主柴油发电机)	定期试验	质量保证	对设计基准地震的抗震设计(抗震 1 级)
F1A	有 系统层次	有 系统层次	有	有	有	有	有
F1B	有 功能层次	有 功能层次	有	有	有	有	有
F2	无	无	据系统具体功能确定	具体分析	有	有	逐个具体分析

不属于 F1A，F1B 和 F2 分级的功能不进入 PT 大纲，虽然这些功能涉及的设备也会定期检查，但是使用其他的程序。

非能动安全功能(passive safety functions)，如仅使用静止设备(阀门、罐子等)来满足其任务的，通常也不进入 PT 大纲。

3.3.2　总体设计关系图

作为物项监督的方式之一，安全系统的定期试验的目的是为了检验系统和设备的安全功能在机组整个寿期内遵守设计基准与安全准则并确保其设备的可用性满足技术规范的要求。图 3.10 描述了安全相关系统的定期试验程序（periodic test procedure，PT）是如何与顶层的安全分析报告相联系的。

初步安全分析报告（PSAR）和最终安全分析报告（FSAR）是电厂的基本安全文件，事故分析章节结合系统的功能要求对核电厂设计基准工况（DBC）和设计扩展事故（DEC）进行了系统而全面的分析，针对每个安全相关系统列出了各自需要实现的安全特性。以安全特性为基础，结合事故分析时的初始假设条件，编制了运行技术规范（OTS）。PTCN（定期试验完整性分析）和 PTR（定期试验导则）则是直接承接自系统安全特性和 OTS 文件。

另一方面，系统功能要求和国家及行业标准的要求构成了调试文件体系的基础，调试阶段既要对系统设计的各种功能进行验证，也要对后期定期试验可执行性进行验证。因此系统调试大纲和调试程序与 PTCN/PTR 和定期试验程序有着很强的关联性。

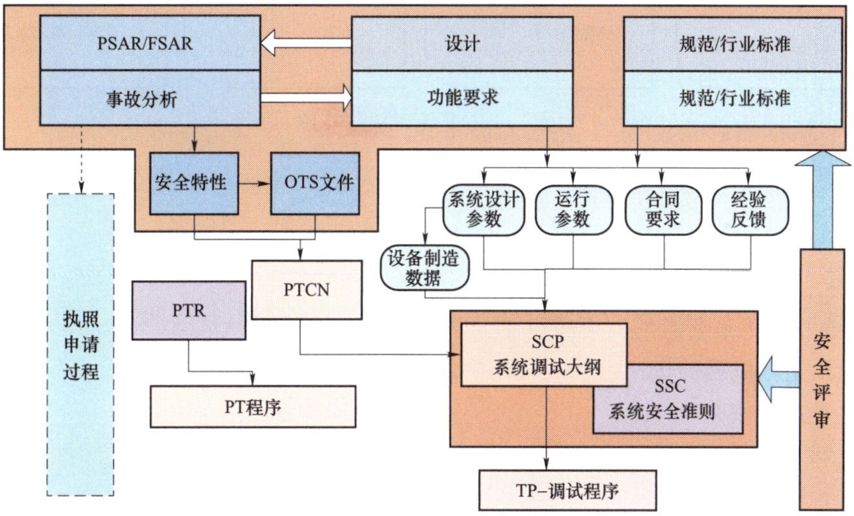

图 3.10　试验程序编制导图

3.3.3　PTCN/PTR 文件编写方法

PTCN 是定期试验程序的编写基础，其目的就是针对每个安全相关系统建立一整套定期试验方法以确保系统设备能实现和维持其设计的能力。PTR 则是 PTCN 的直接下游文件，其目的是对 PTCN 中分析确定定期试验项目进行更加详细的设计和说明，包括建立试验的准则、选择合适的试验周期等。

3.3.3.1　PTCN 编写方法

既然称为定期试验“完整性”分析，其主要目标就是对每一个给定的安全系统制定出一个完整的定期试验清单。即对于每个 PT，需要给出：

—试验目的；

—试验周期；

—试验方法。

为了达到上述的目标，必须在系统安全特性列表的基础上进行详细的分析。整个过程可以概括为以下4个步骤(如图3.11)。

第1步：罗列并描述系统安全特性；

第2步：分析安全特性相关设备验证方法和准则；

第3步：确定定期试验的准则；

第4步：制定试验方法和步序。

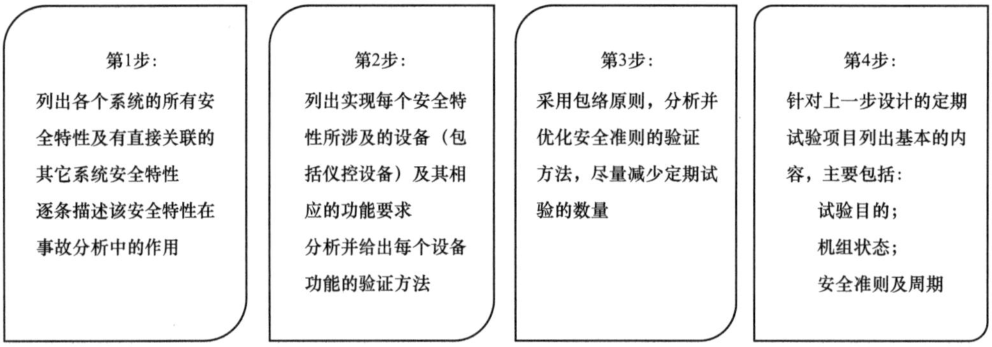

图3.11 PTCN缩写步骤

每个步骤都有一些需要特别注意的地方：

• 第1步 系统安全特性列表

注意点：

—筛选——不是所有的安全特性都是要经过PT验证的

• 由预防性维修验证
• 日常运行检查
• 化学及放射性化学检查
• 质量再鉴定
• 通过其他系统验证
• ……

—I&C的功能验证遵守总体仪控试验设计方法

• 第2步 确定每个安全特性的具体内容

注意点：

—必须列出实现安全特性的执行机构

—必须定义对应的安全准则

—安全准则包括模拟量(确定范围)和逻辑量

—转换值的确定，尽量安排在功率运行时进行试验

• 第3步 定义试验准则

注意点：

—选择并说明包络性的运行模式，便于在同一时间检查多个安全特性

—分析具有相似的安全准则的安全特性

—试验的优化

—确定验证的方式（运行，维修，仪控等）

• 第 4 步　试验方法设计

注意点：

—安全准则不包含计量的不确定性

—每个 PT 必须确定一个合适的运行模式（与 OTS 一致）

• 是否存在设备不可用

• 瞬变统计的影响

• 电厂可用率的影响

• 是否超出运行限制

• 对大修计划的影响

—试验周期的确定原则

• 设计方提供的上游文件

• 核电厂历史运行经验反馈，并且对流体系统和 I&C 系统进行独立的可靠性分析

• 部分设备的试验周期参考了生产商的设计手册（EOMM），比如非能动设备的可用性检查项目

3.3.3.2　PTR 编写方法

PTR 文件承接自 PTCN，对下则是 PT 程序编写的直接参考文件。

系统工程师首先对 PTCN 中定义的安全准则进行分析和转换，制定出适合试验条件的准则，即试验准则。其转换逻辑可由图 3.12 表示。

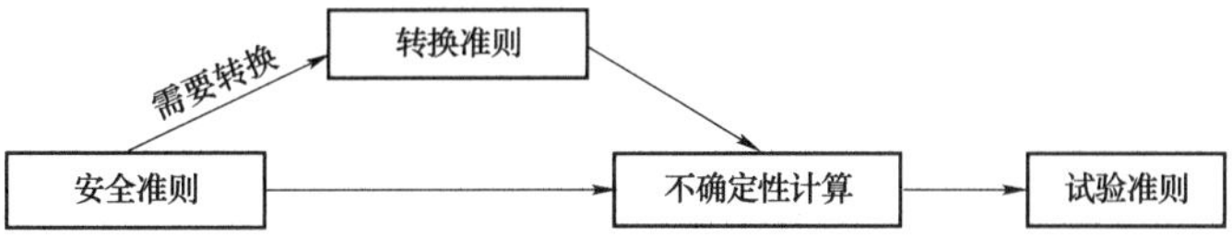

图 3.12　准则关系图

• 安全准则（S 准则）

—安全准则通常来自于事故安全分析，是指一些参数和参考值，如果不被遵守将会使在 SAR 中列出的安全功能全部或部分受到损害。

—S 准则通常包括 SAR 中列出的功能准则（F1，F2）。

• 转换准则

—执行 PT 的条件如果不能按照事故假设中的条件配置（如电网频率过低、压力和温度不能达到事故假设状态等），就要进行相应的准则转换。

• 试验准则

—试验准则是试验时需要遵守的准则，它是由安全准则转换而成，考虑了可达性转换及测量不确定性等因素。

—违反试验准则等同于违反安全准则。

• 设备准则

—实现安全功能所要求的设备不可用的代表性参数(泵的振动及温度等),设备准则不满足不会直接导致违反安全准则。

安全准则和试验准则的关系可从图 3.13 中更直观地理解:

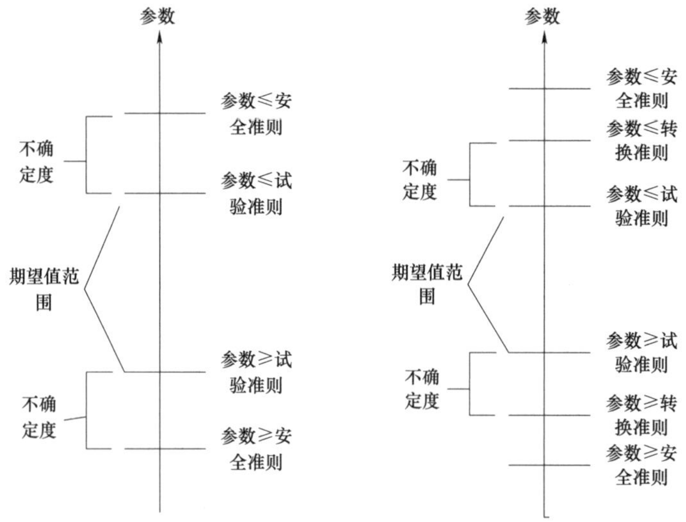

图 3.13　安全准则与试验准则关系图

例如,一台泵的安全准则设定可能是基于电网频率为 49.5 Hz 的假设,而试验条件通常是 50 Hz,就需要利用公式转换,即,转换准则＝安全准则×$(50/49.5)^2$。试验时,根据所用仪表、显示方式等情况计算出对应的不确定度,则实际试验时的准则,即试验准则为转换准则±不确定度。

由于 PTR 重点是对每个定期试验进行详细的设计,因此通常有如下的要求:

• 目的明确,设备及对应的准则要清楚定义;

• 试验工况的选择要尽量能够代表事故分析中的场景,但是又要尽量减少试验对正常运行的冲击,因此试验所要求的机组模式要慎重选择,通常为了减少大修工期,提高机组利用率,优先选择 RP 模式进行试验;

• 试验初态设置与试验过程对机组的影响要尽可能详细地分析,尤其是对 OTS、瞬变统计、触发 IAC 工况的信号等方面;

• 操作步骤尽量精确描述,是编写试验程序的基础;

• 具有一定弹性,比如在某些条件下可以由其他试验等效等;

• 要确保与 PTCN 的一致性,即包含 PTCN 中所设计的所有试验。

3.3.4　监督要求与监督大纲编制及安全遵守

第 1 节中已讲明了监督要求和监督大纲的关系,这两份文件的章节结构和内容设计基本是参照 CGN 其他电厂的同类文件。两份文件的编制都是基于 PTCN/PTR 文件和 OTS 文件。首先按照既定的格式编写完成单个系统的监督内容表格,然后再将所有安全系统的监督表格汇总,并增加必要总则和附录等章节。

两份文件的不同点和遵守有如下原则：

1）章节数量不同

监督要求比监督大纲缺少了执行规定和执行记录两个章节。这两个章节属于电厂内部管理的内容。

2）安全相关系统数量不同

监督要求中的系统和设备与 OTS 要求的范围一致，监督大纲中还包含了一部分灾害相关的系统。

3）定期监督准则表不同

监督要求中各个项目对应的准则通常只有安全准则，而监督大纲中不仅列出了安全准则，还列出了试验准则和设备准则。同时各个项目还给出了试验时建议的机组模式。

作为电厂核安全保证的一个重要手段，所有安全相关的定期试验项目都必须按照既定的周期执行，并且要保证试验结果的满意度；意即只有在规定的周期内执行试验，且试验结果满意的情况下，方能证明某一（或某些）安全特性总是能执行其要求的功能（在要求时间内），并认为相关安全特性在规定的试验周期内是可用的。

定期试验的周期设计通常来自以下三个方面的综合考虑：

1）设备故障对于堆芯损坏概率（CDF）的影响程度；

2）已有电厂的历史运行经验反馈；

3）设备生产商的建议。

综合上述考虑后所制定的周期既要满足设备故障后对 CDF 的影响要求合理，也要使电厂的工作安排合理可行。

定期试验中的周期分为 3 大类：1）以自然日为周期，如 1 年、4 个月等；2）以特别活动为周期，如 1 个循环、2 个换料周期、每次换料后等；3）以等效满功率日为周期。

对于以自然日为周期的试验，通常允许有 $\pm 25\%$ 的调整裕度，这是为了确保实际执行试验比需的灵活性，以及对设备状态和突发的技术状况的考虑。但在任何情况下使用裕度，都不能影响下次试验的计划安排。

3.4 应急运行事故

3.4.1 EPR 应急运行程序 EOP[①] 与 FSAR 事故分析

EOP 应至少能处理 FSAR 事故分析中包络的所有事故[②]，即，出现 FSAR 事故分析所覆盖的事故时，根据 EOP 能将堆芯带到安全停堆状态或最终状态。

EOP 覆盖事故范畴与 FSAR 事故分析的关系可表述如下：

EOP 可处理事故选取范围不仅仅包括了 FSAR 中进行了事故分析的那些事故，还包括了 FSAR 所没有的其他内容。EOP 可处理事故选取范围介绍如下：

① 这里讨论的应急运行程序不包括用于处理严重事故的 OSSA 程序。

② FSAR 事故分析中完全与 6 大状态功能相关的事故并没有整合到 EOP 这套程序中，而是另外编写了专门的处理程序。比如，燃料操作事故。

• FSAR 中没有进行事故分析的 DBC1 事故；
• FSAR 中进行了事故分析的事故，包括 DBC2/3/4 及 DEC-A/B；
• FSAR 中作为 DBC 事故进行了分析的放射性释放事故①；
• PSA 分析认为有必要覆盖的叠加事故②；
• FSAR 中没有的，而 NNSA 要求的福岛后特殊事故工况：
— 类福岛事故，长期 LOOP+失去最终冷源；
— 完全失去交流电源(ELAP)。
• FSAR 中没有分析的特殊仪控系统失去工况，比如，HKS 工况。

3.4.2 EPR 应急运行程序原理及总体特点

EPR 应急运行程序同样采用的状态导向法。其以能代表堆芯三大安全功能的 6 个状态功能作为堆芯状态判断依据及控制目标。

6 个状态功能：

• 核功率水平；
• 一回路水装量；
• 一回路温度和压力；
• 蒸汽发生器完整性；
• 蒸汽发生器水装量；
• 安全壳完整性。

EPR 主体基于状态导向法的应急运行程序总体特点：

• 堆芯状态诊断及程序导向在一回路处于闭口状态时，是利用诊断和导向逻辑软件自动进行，并将结果输入给操纵员。在一回路处于开口状态时，则需要操纵员利用诊断导向程序人工诊断和导向。主要原因在于，由于一回路开口的相对特殊的工况，某些状态功能，比如，一回路温度和压力，已无法准确代表堆芯状态。

• 乏燃料水池作为另一个可能的放射泄漏源，设计有专门的应急运行程序来处理乏燃料水池状态降级事故。当然，其状态功能与前述 6 个状态功能不同，主要是依据乏燃料水池水位和温度来诊断和导向。

• 虽然主体是基本状态导向法，但对于一些特殊的事故工况，为避免使状态导向法程序结构过于复杂，又设置了专门的应急运行程序。如，完全失去 LH*，完全失去 RRI，充排事故工况及 SGTR 事故。

• 在一回路闭口状态，对 IC 和 AC 工况基于 6 个状态功能状态况和第二道放射性屏障进行了清晰的区分。对于有状态功能降级的 AC 工况，会进入相应的 AC 程序。而对于没有状态功能降级，同时第二道放射性屏障也未降级的 IC 工况，会进行相应的 IC 程序。对于 IC 工况，没有状态功能降级，但处理该工况可能需要利用一些事故处理专用的功能，比如 ASG，VDA，RBS 及稳压器安全阀等。由于状态功能没有降级，所以其总体目标并不是恢复降级的状态功能，而是尽量将堆芯参数控制在正常是运行范围内。

---

① 这里具体指：TEG 泄漏；液体废物排放系统失效；燃料操作事故；NAB 厂房放射性物质贮存系统失效。

② 参考 TS-X-NIEP-NEPS-F-DC-20078。

• 基于 EPR 仪控结构，上游 FSAR 事故分析的需要，比如，运行仪控平台 SPPA-T2000 丧失，安全仪控系统 PS 丧失及 PICS 丧失工况都需分别在事故分析中加以考虑，在考虑相应堆芯热工水力事故时还需要分别叠加相关仪控平台/系统丧失。这导致 EPR 应急运行程序根据仪控平台/系统的可用性状态又划分出不同的几类。EPR 总体仪控结构请参考图 3.14。

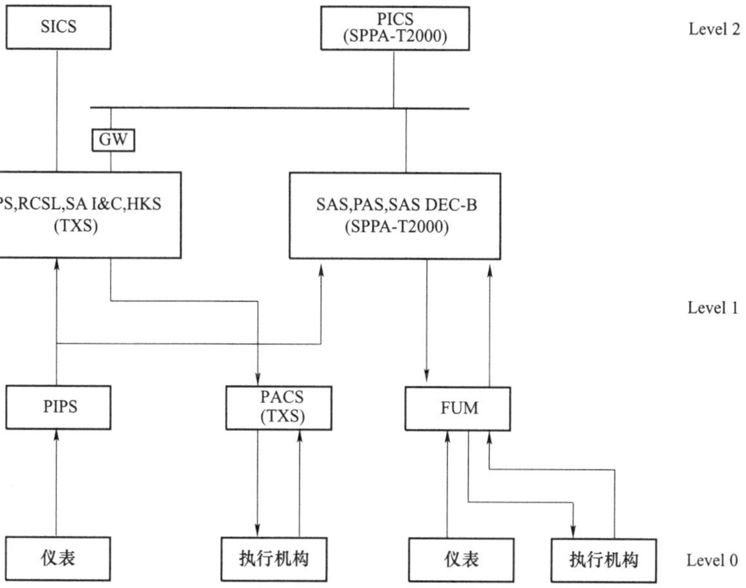

图 3.14 EPR 仪控总体结构简图

3.4.3 EPR 应急运行程序所覆盖的事故范围

上述 EOP 可处理事故选取范围中事故并不是都纳入了事故程序进行处理。应被纳入事故程序进行处理的选取准则如下。

闭口工况下热工水力事故选取准则参考图 3.15。

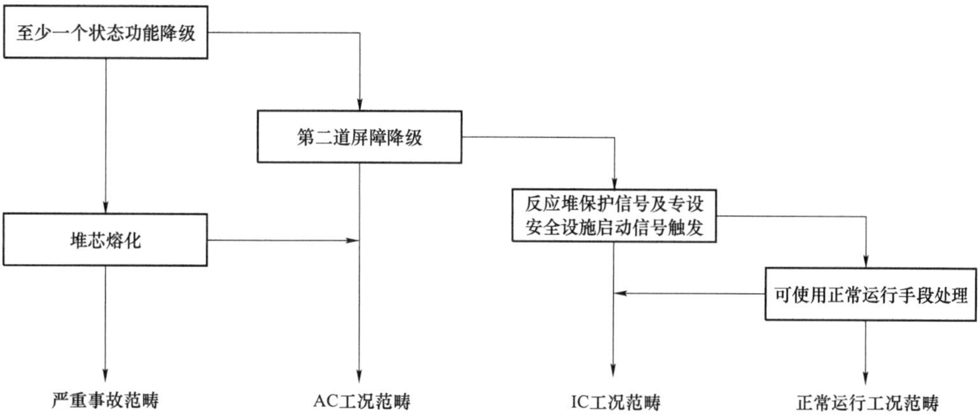

图 3.15 闭口工况选取准则

开口工况下热工水力事故选取准则参考图 3.16。

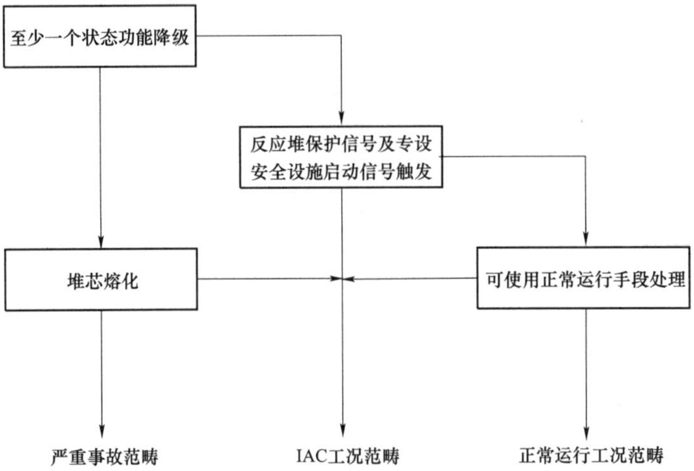

图 3.16 开口工况选取准则

最终被 EPR 应急运行程序所覆盖的热工水力事故有：

- 不能用正常运行手段处理的 DBC2 事故；
- 符合图 3.15 和图 3.16 选取准则的 DBC3/4 事故，DEC-A 事故；
- PTR 乏燃料水池事故；
- PSA 分析认为有必要覆盖的叠加事故①；
- NNSA 要求添加的特殊的福岛后事故。

3.4.4 EPR 应急运行程序的分类

如前所述，EPR 应急运行程序根据仪控平台/系统的可用性状态又划分出不同的几类，这几类除了由于仪控平台/系统丧失导致相关的安全功能可用性状态不一样外，比如，PS 仪控系统丧失会导致 PS 系统中的所有保护信号/功能丧失，在执行应急运行程序时的人机界面也有所区别。

按程序执行所使用的人机界面分，可总体分为 4 类工况所使用的程序：

• PICS 程序。在 PICS 上执行的应急运行程序，其是在二层人机界面 PICS 及 SPPA-T2000 平台均可用时处理事故时使用的程序。

• SICS 程序。在 SICS 盘处于正常模式下在 SICS 盘上执行的应急运行程序，其是在仅失去二层人机界面 PICS 但 SPPA-T2000 平台可用时处理事故时使用的程序。

• HKS 程序。在 SICS 盘切至 HKS 模式时在 SICS 盘上执行的应急运行程序，其是在失去 SPPA-T2000 平台时处理事故时使用的程序。

• TXS 程序。在 PICS 上执行的应急运行程序，其是在 PS 系统失去时处理事故时使用的程序。

并不是所有的热工水力事故都需要分别考虑叠加各类的仪控平台/系统丧失，所以上述

① 参考 TS-X-NIEP-NEPS-F-DC-20078。

4 类程序所覆盖的热工水力事故是有区别的。

• PICS 程序，其覆盖了第 3 节所述的 EPR 应急运行程序所覆盖的所有事故。具体程序参考表 3.2。

• SICS 程序，其覆盖了第 3 节所述的 DBC 2-4 事故及部分的 DEC-A 事故①。具体程序参考表 3.3。

• HKS 程序，仅覆盖 DBC 2-4 事故，不处理 DEC-A 事故。具体程序参考表 3.4。

• TXS 程序，仅用于处理状态 A 下的 4 个 DEC-A 事故：失去主给水叠加失去 PS 导致的 ATWS/丧失厂外电源叠加失去 PS 导致的 ATWS/稳压器意外喷淋叠加失去 PS 导致的 ATWS/小破口事故叠加失去 PS 导致的 ATWS。具体程序参考表 3.5。

3.4.5 EPR 应急运行程序特点

EPR 应急运行程序相比法国 2 代压水堆 CPY 堆型的 SOP 程序，有以下特点：

• EPR 应急运行程序可以覆盖从 RP 至 RCD 的所有运行模式。在 RCD 模式，也可以通过定向程序定向至专门用于处理乏池 DBC/DEC-A 事故的应急运行程序。

• 采用了可靠性较高的自动诊断/定向逻辑。在 PICS 可用时，自动诊断逻辑通过循环诊断堆芯 6 大状态功能来探测堆芯降级情况并直接给出所应执行的相关应急程序。

• 对堆芯 6 大状态功能降级分优先级进行处理。为避免在多个状态功能同时降级的工下所对应处理手段可能存在的相互矛盾的情况，对状态功能降级的情况进行了分级，以保证优先级高的，后果最为严重的状态功能降级得到优先处理。

• 为避免 SOA 程序过于复杂，对特殊事故编写独立的应急运行程序。例如，SGTR，堆芯充排冷却，仍完全采用全状态导向法程序则会使事故程序过于臃肿和复杂，所以，对于这类事故编写了独立的应急运行程序。

表 3.2　PICS 程序

PICS 程序		
一回路闭口程序		一回路开口程序
IC 程序	AC 程序	
初始定向	AC 工况下降负荷	初始定向
稳定功率/降负荷	安注后撤	硼化
稳定	无安注后撤	RCP 可升压工况下的稳定/补水
后撤	SGTR	开关大盖工作期间的稳定/补水
硼化	控制核功率	RCP 不可升压工况下的稳定/补水
完全丧失 RRI	降低 Δtsat	燃料传输通道开启工况下的稳定/补水
	恢复堆芯水装量	
	堆芯充排冷却	
	完全丧失 LH 电源	
乏燃料水池事故		

① 具体请参考 TS-X-NIEP-PEPO-F-DC-20123。

表 3.3 SICS 程序

SICS 程序		
一回路闭口程序		一回路开口程序
IC 程序	AC 程序	
初始定向	AC 工况下降负荷	初始定向
稳定功率/降负荷	安注后撤	硼化
稳定	无安注后撤	RCP 可升压工况下的稳定/补水
后撤	SGTR	开关大盖工作期间的稳定/补水
硼化	控制核功率	RCP 不可升压工况下的稳定/补水
	降低 Δtsat	燃料传输通道开启工况下的稳定/补水
	恢复堆芯水装量	
	堆芯充排冷却	
乏燃料水池事故		

表 3.4 HKS 程序

HKS 程序	
一回路闭口程序	一回路开口程序
HKS 模式激活	
初始定向	初始定向
稳定	硼化
SGTR	RCP 可升压工况下的稳定/补水
后撤	RCP 不可升压工况下的稳定/补水
堆芯充排冷却	燃料传输通道开启工况下的稳定/补水
乏燃料水池事故	

表 3.5 TXS 程序

TXS 程序
一回路闭口程序
稳定

3.5　严重事故

3.5.1　严重事故基础知识及原理

3.5.1.1　严重事故的定义

HAF102—2016《核动力厂设计安全规定》中将设计中考虑的核动力厂状态分为：运行状态和事故工况两大类(表 3.6)。而事故工况又分为设计基准事故和设计扩展工况，严重事故时属于设计扩展工况的一类。

严重事故在 HAF102—2016 中定义为：严重性超过设计基准事故并造成堆芯明显恶化的事故工况。为了减轻严重事故后果的事故管理也称严重事故管理。

表 3.6　设计中考虑的核动力厂状态

运行状态		事故工况		
			设计扩展工况	
正常运行	预计运行事件	设计基准事故	没有造成堆芯明显损伤	堆芯熔化（严重事故）

3.5.1.2　严重事故发展的几个阶段

严重事故是由于冷却功能的长期丧失导致的。这是由一回路冷却剂的丧失和一些保护系统不可用导致的。各种堆芯部件熔融产生的混合物称为堆芯熔融物。

压力容器内的严重事故进程，可分为 3 个不同的阶段：

阶段 1，主要特点是堆芯的快速升温以及氧化；

阶段 2，主要特点是大量燃料和堆芯结构熔融；

阶段 3，主要特点是堆芯熔体进入反应堆压力容器(RPV)下封头中，压力容器失效。

图 3.17 给出了这 3 个阶段：

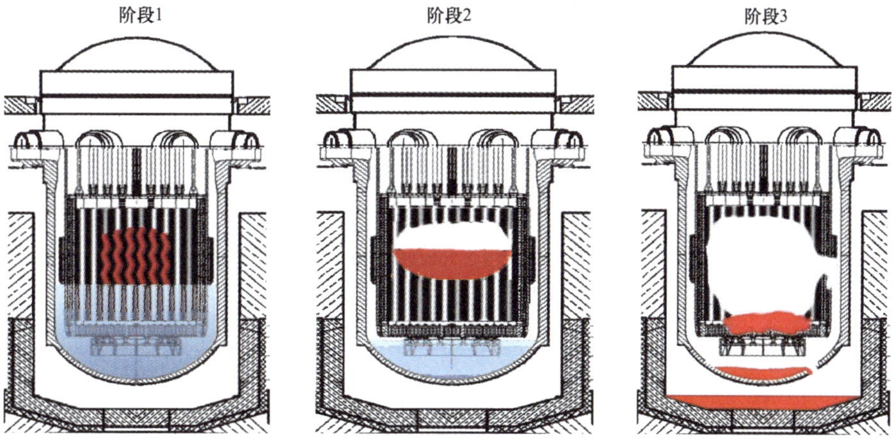

图 3.17　压力容器内严重事故进程

从堆芯裸露到容器失效，每个事故序列都包含几个类似的阶段，仅存在时间上的差异。

熔融物从压力容器内出来后的压力容器外严重事故进程又分为两个阶段：

阶段4：堆芯熔融物在反应堆堆坑内的短暂滞留（图3.18）；

阶段5：堆芯熔融物通过熔融释放通道向堆芯捕集器扩散，及随后的熔融物冷却（图3.19）。

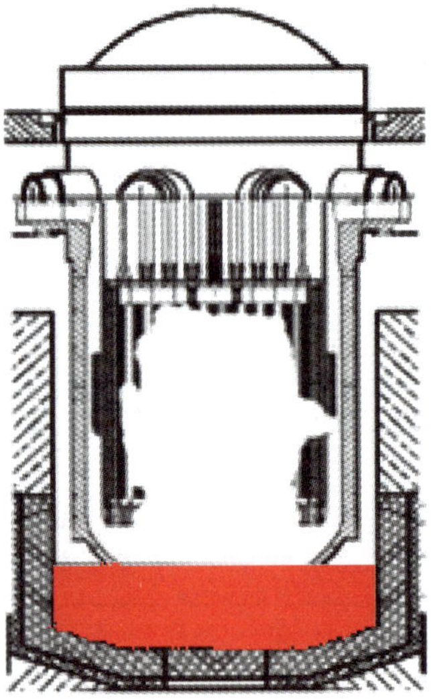

图3.18　阶段4

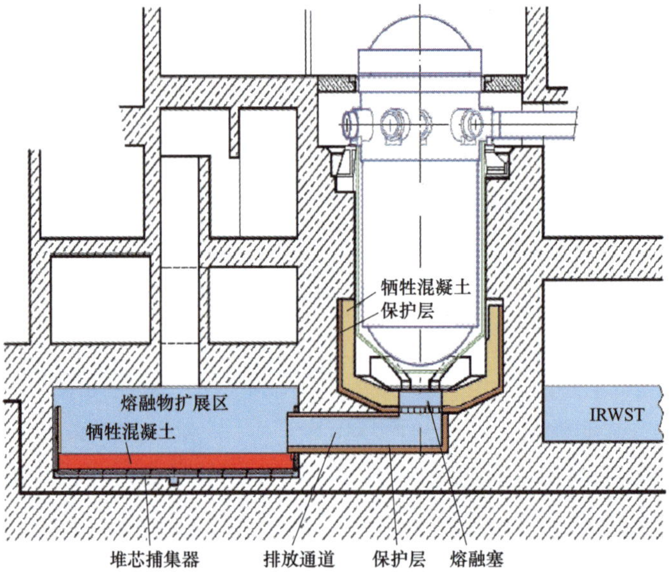

图3.19　阶段5

一旦熔融物在扩展区中扩散，将会启动非能动水淹阀，IRWST的水会淹没熔融物扩展区。来自IRWST两列冗余的水源从扩展区底部进入，首先冷却堆芯捕集器底部和侧面，最后流入扩散的熔融物的上表面。淹没后的熔融物将在几天后完全冷却。

在冷却过程产生的蒸汽和热量将释放到安全壳内的空气中。EVU的喷淋模式能导出安全壳内余热，甚至可以在严重事故发生后的12个小时后才启动。

此外，当EVU系统不再要求以喷淋模式运行时，可以转换到能动冷却模式。在这种模式下，在扩展区被加热过的水会以欠饱和状态流回IRWST，安全壳内无蒸汽产生。

3.5.1.3　OSSA简介

OSSA（严重事故运行策略）为EPR反应堆开发的严重事故管理导则。当事故瞬态发展成部分或整个堆芯熔融，应急运行程序（EOP）不再适用。为避免或减少放射性物质向环境中释放，事故处理的优先级从防止堆芯熔化转变为维持安全壳的完整性。

OSSA的主要目标是在出现严重事故（SA）确保能包容核裂变产物，重点如下：

— 释放到环境中的放射性物质最小化；

— 在熔融物扩散到扩展区的情况下，将电厂的状态恢复到受控稳定状态。

3.5.1.4　OSSA进入准则及与EOP接口

TSN OSSA进入条件必须考虑到所有核电厂运行状态，包括停堆状态（如表3.7）。

表 3.7 OSSA 进入准则

堆芯出口温度可用性	主要进入准则
热电偶已连接 (A. B,C1,C2)	堆芯出口温度大于 650 ℃或安全壳内氢浓度超过容积的 6%或安全壳剂量率(与反应堆停运后的时间相关)
热电偶未连接	安全壳内氢浓度超过容积的 6%或安全壳剂量率(与反应堆停运后的时间相关)

目前 EOP 和 OSSA 接口基于以下原则:

1. 启动严重事故管理是不可逆转的,即:已不可能进一步应用 EOP 程序。

2. OSSA 进入条件是由安全工程师在主控室通过专用 EOP 程序来监控(称为永久监视程序。

3. 核电厂应急总指挥批准从 EOP 向 OSSA 的转换。

4. 事故管理责任从运行控制组(MCR)转移到应急指挥部。

5. 运行控制组采用技术支持中心的建议,这些建议需首先通过核电厂应急总指挥批准。

6. 在向 OSSA 转换时,事故管理优先级从重新淹没堆芯转移到对安全壳内的核裂变产物的限制。

3.5.1.5 安全功能

OSSA 导则的主要目标是:

—尽可能地降低对环境的放射性释放;

—保持安全壳完整性并恢复到受控稳定状态;

—恢复堆芯长期余热导出,使其回到受控稳定状态。

按优先次序定义了以下 3 种严重事故安全功能:放射性释放限制,安全壳完整性和余热导出。

放射性释放安全功能能把现场事故的放射性后果考虑进去,针对安全壳外检测出的放射性释放或检测到的泄漏率也允许调整缓解策略。这一安全功能使得可以检测出异常的情况,可以一一查找各个可能的释放路径,并采用合适的策略。

安全壳完整性的监控是以安全壳压力和氢气浓度测量结果为基础的。

余热导出安全功能是以压力容器内和容器外堆芯熔融物余热导出的监控为基础的。

(1) 安全功能的优先顺序

表 3.8 总结了 3 种 SA 安全功能之间的优先规则。

表 3.8 严重事故安全功能

严重事故安全功能		威胁等级			
1	放射性释放限制	(红色)	(橙色)	(黄色)	(绿色)
2	安全壳完整性	(红色)	(橙色)	(黄色)	(绿色)
3	余热导出	(红色)	(橙色)	(黄色)	(绿色)

OSSA 诊断提供了 3 种 SA 安全功能之间的两种优先标准:

1) 首先,严重事故安全功能的颜色:

—红色代表对功能的严重威胁；

—橙色代表存在潜在进一步威胁的不可控状态；

—黄色代表受控但还不稳定的状态；

—绿色表示一个有意义时刻的黄色状态：受控稳定状况。

2）其次，严重事故安全功能的优先顺序：放射性释放限制优先级最高，然后是安全壳的完整性，再然后是堆芯碎片的余热导出。

总之，依照上表从左上角到右下角依次排列优先次序。任何红色状况都应以最高优先级对待。

对严重事故安全功能的持续监控允许对变化着的电厂状况进行检测。非最优的行动或实际的负面影响被检测出后，相应的策略调整由技术支持组执行。

（2）受控稳定状态

当放射性释放、安全壳和余热导出等 SA 安全功能处于受控的稳定状态时，核电厂达到受控稳定状态。

当三个严重事故安全功能都是黄色时，达到受控状态。在这种情况下，只有当三个严重事故安全功能都是黄色时，达到受控状态。在这种情况下，只有有限的几项操作需要执行。对于余热导出，第三道屏障的完整性和人员安全方面来讲，严重事故的三个安全功能的黄色状态足以证明事故已经维持在缓解路径上。对于黄色状态，除了监视电厂状态之外，EPR 的 OSSA 导则提供了必要的行动以保证在运行的缓解系统长期使用。

绿色状态对应一个稳定的黄色状态。应急小组可以基于时间准则（建议是 24 h）来决定受控稳定状态已达到。

根据定义，针对黄色和绿色状况，OSSA 不需要额外的缓解策略。

如果三个严重事故安全功能都是绿色的，达到稳定状态。在黄色状态变成绿色状态前，需达到稳定状态。所以，绿色状态表示黄色状态再加一段时间的稳定：

—放射性释放是可接受的，受控的，稳定或正在下降。

—安全壳状况是合适的，受控的，稳定且无进一步威胁。

—堆芯熔融物余热导出到环境中已建立，受控且稳定。

3.5.1.6　OSSA 诊断

普遍认为，严重事故处理方法不应以严重事故的详细进程为基础。所以所有严重事故管理方法使用诊断工具对核电厂情况进行监控。

对于台山核电 OSSA，使用专门的诊断工具，该诊断工具从进入 OSSA 到达到稳定状态都有效。

达到进入条件后，应通过简易的诊断工具对核电厂状态进行评估。这个诊断使得可以识别和执行合适的潜在缓解行动，且在决定开始执行时对这一行动的实施进行监控。

OSSA 提出的方法是基于易于使用（例如一个循环流程图或持续监控状态树）的新诊断工具，可连续监测三个带优先顺序的 SA 安全功能（参见上面的章节）。为了避免建议行动之间的冲突，诊断过程允许考虑到不同系列的行动并区分其优先次序。

这个诊断也必须包括检测行动的成功，即严重事故管理的受控稳定（绿色）状况。

三个严重事故安全功能诊断图如图 3.20 至图 3.22。每个安全功能的诊断都是基于经过严重事故工况鉴定的仪表提供的信息，简单且易于判断，能够快速判断出该安全功能的状态(红色、橙色、黄色、绿色)。

—放射性释放限制安全功能诊断图(图 3.20)。

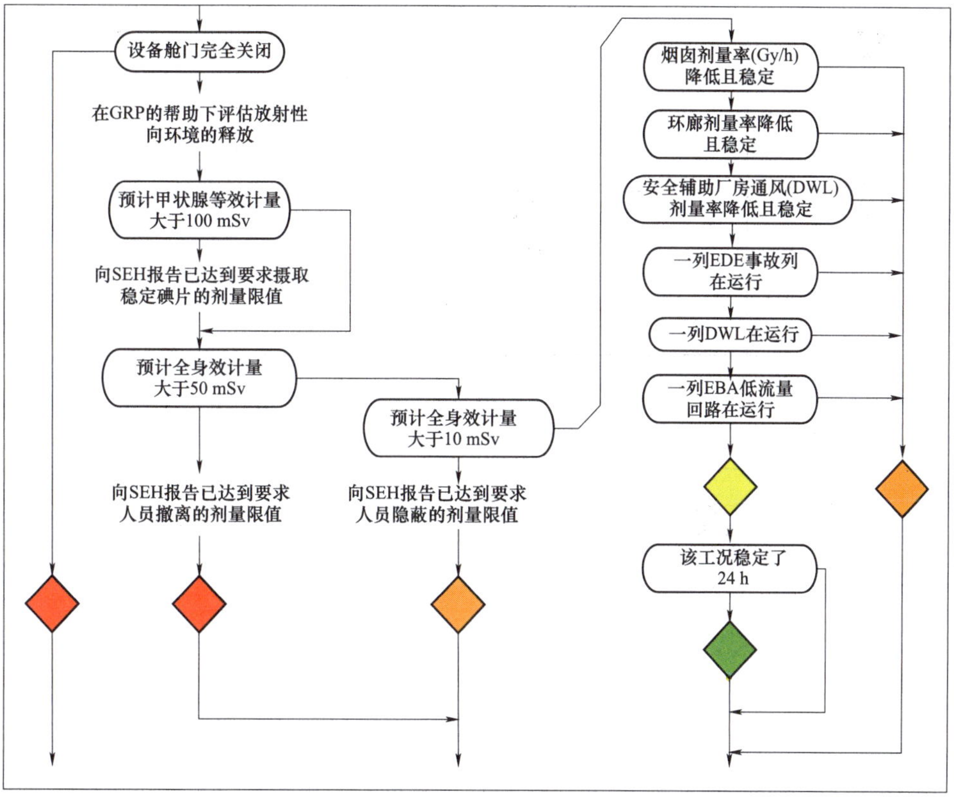

图 3.20　放射性释放安全功能诊断图

成功准则

• 由于 SAB,FB 或环廊的放射性释放,FP 路径计算中的不确定性相当高,而且因为只有烟囱剂量率测量满足 SA 要求,因此计算不出 SA 放射性释放安全功能的黄色状态和橙色状态之间过渡的定量设定值。

• 借助于烟囱的放射性演变和厂外监测器检测到的提供参考的剂量率(增加或降低),以及通过 EDE,DWL 和 EBA 低流量回路通风系统的可用性为技术支持组提供可靠和可逆的信息,可以评估 SA 放射性释放 SF 黄色和橙色状态之间转换的烟囱放射性的整定值。

• 至于橙色和红色之间的转换,烟囱放射性和厂外监测器检测到的提供参考的剂量率可以使用,用来和放射性释放限制相比较。根据环境条件(天气和人口分布),比对检测到的(或计算出的)泄漏(以 Bq 为单位的放射性)与规定放射性释放限值。

• 若至少 24 h 处于黄色状态,则可认为 SA 放射性释放 SF 处于稳定和可控制状态(绿色状态)。

—安全壳完整性安全功能诊断图(图 3.21)。

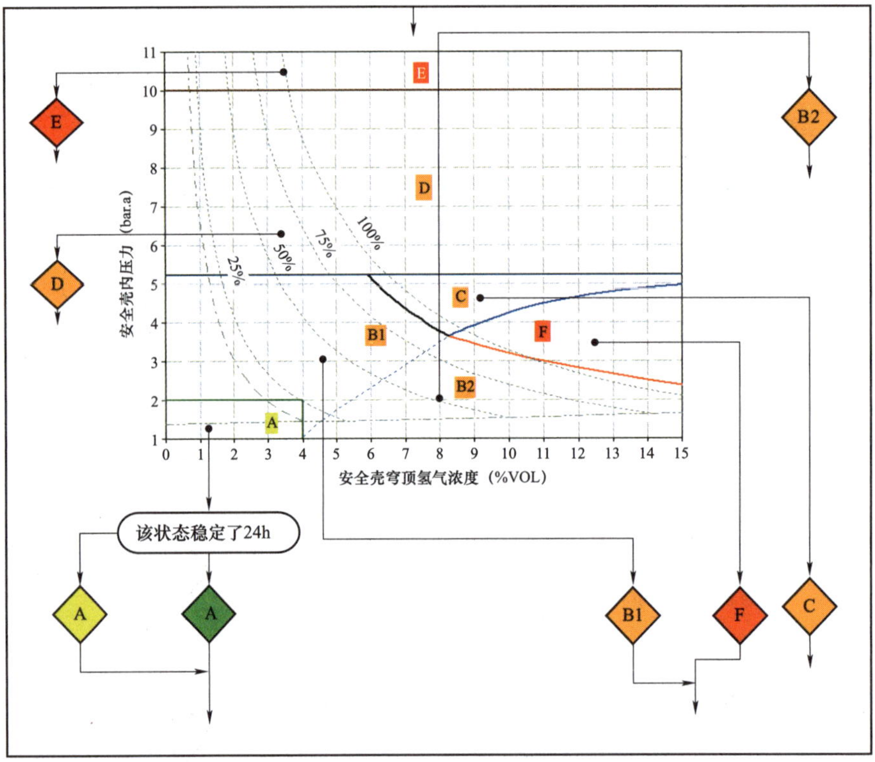

图 3.21　安全壳状态安全功能诊断

成功准则

• 若至少 24 h 满足黄色条件(A 区),则可认为安全壳 SA 安全功能处于稳定和可控状态(绿色状态)。

—余热导出安全功能诊断图(图 3.22):

成功准则

1) 压力容器内配置

• 这一阶段考虑的时间跨度为从启动 OSSA 到容器内的堆芯熔融物长期冷却或到所有堆芯熔融物降级阶段引起 RPV 失效。

• 只要 RPV 没有失效(通过反应堆堆坑内的热电偶检测到),则认为压力容器内堆芯熔融物保留成功。若所注水流量率低于导出衰变热所需的流量率,RPV 可能失效,即使向压力容器内注水能延迟使其不立即失效。余热导出 SA 安全功能也视为是橙色状态。

• 若所注水流量率高于导出衰变热所需水流量率,则可真正认为可将熔融物稳定在压力容器内。安全壳 SA 安全功能状态为黄色。

• 此外,若至少 24 h 满足黄色条件,则余热导出 SA 安全功能处于可控稳定状态(绿色状态)。

2) 压力容器外配置

• 若在堆芯捕集器的中央供水管道入口检测到的温度至少 24 h 低于 160 ℃,则认为余热导出 SA 安全功能是可控和稳定的(绿色状态)。

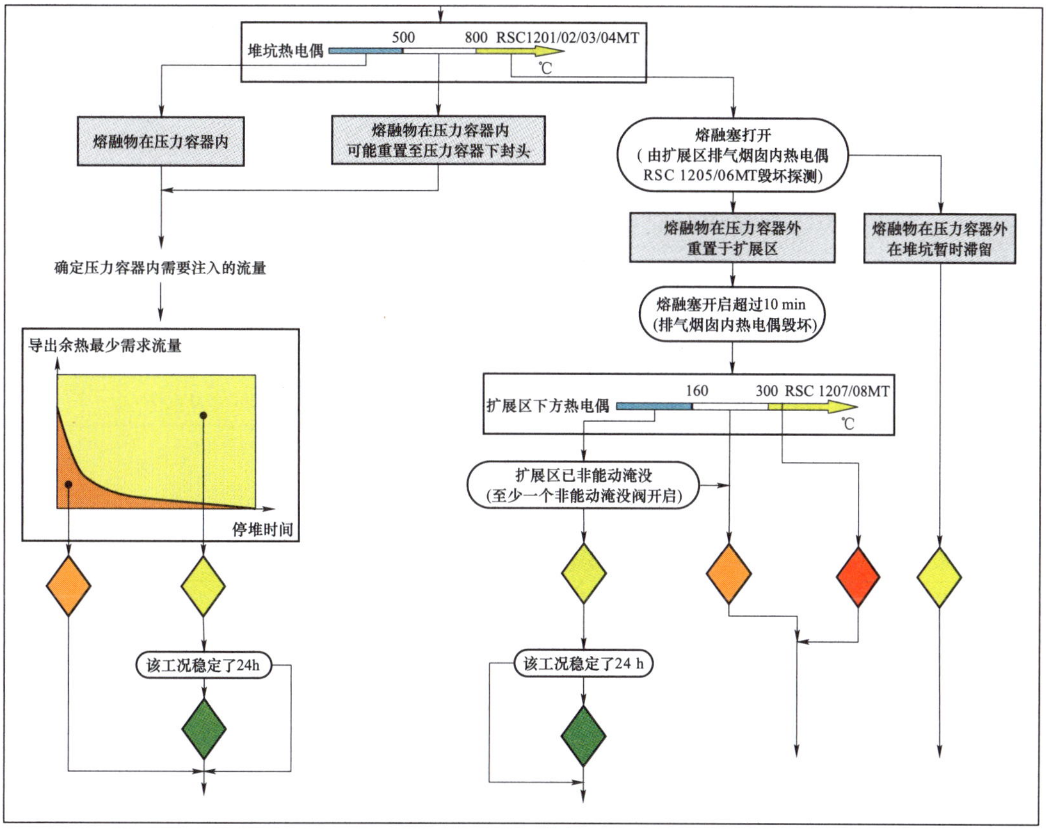

图 3.22　余热导出安全功能诊断

3.5.1.7　严重事故专用仪表和控制系统

EPR 的严重事故专用仪表和控制系统包括：

(1) 支持对一回路进行卸压的仪表和控制系统，如堆芯出口温度测量，严重事故专用卸压阀阀位指示等；

(2) 支持氢气缓解的仪表和控制系统，如测量氢气浓度、启动氢气混合风门和氢气混合风门位置指示等；

(3) 监测熔融物进程的仪表和控制系统，如指示压力容器失效的热电偶，监测熔融物到达扩展区和触发 EVU 系统非能动淹没扩展区的热电偶等；

(4) 监测安全壳内热量导出的仪表和控制系统，如测量相应压力、温度、流量和水位的仪表等。

严重事故状况下使用的仪表应当考虑其位置、测量范围和准确性及仪表鉴定。

台山严重事故仪表将其分为两类：

—种类 A：根据 EPR 设计，执行保证电厂状态在严重事故缓解路径上的操作所必需的仪表；

—种类 B：对跟踪事故进程和预测环境后果有用的仪表。

要求做严重事故工况鉴定的仪表：

—所有属于 A 类的仪表(除堆芯出口温度测量以外的仪表)；

—技术支持组可能使用的部分 B 类仪表，用来启动公众保护行动。

对于余下的 B 类仪表，可进行但不强制要求严重事故工况的鉴定。

发生 SBO 工况且 SBO 柴油机不可用时，那么用于缓解严重事故的仪表应当与 12 h 蓄电池连接，进行严重事故监测和缓解。

表 3.9 列出若干用于严重事故的仪表作为一个例子，对于每个仪表列出了仪表种类和严重事故工况鉴定要求和使用时间。此外，不排除使用其他可用于严重事故缓解的其他仪表。

表 3.9 严重事故仪表(部分)

仪表	种类	严重事故工况鉴定	运行时间
堆芯出口温度(COT)： RIC1113/1213/1313MT，RIC4113/4213/4313MT	A 类	否	NA
严重事故专用泄压阀的阀位传感器(PDS)： 第 1 列：RCP6312/6313VP；第 4 列：RCP6322/6323VP	B 类	是	2 h
RPV 失效探测-堆坑热电偶： RSC1201/1202/1203/1204MT	B 类	是	24 h
安全壳压力 EVU1108/4108MP	A 类	是	长期
安全壳氢气监测 ETY 5291/92/93/94/95/96/97/98MG ETY 5591/92/93/94/95/96/97/98MG	B 类	是	24 h

3.5.2 严重事故管理导则的构架和编制

3.5.2.1 OSSA 主要文件组成

OSSA 程序包由 OSSA 技术基础报告和 OSSA 导则组成。OSSA 文件以纸质文件为基础。OSSA 覆盖功率运行和停堆状态。

• OSSA 技术报告

OSSA 技术背景报告提供了处理堆芯熔化事故的技术基础。它描述了严重事故现象和严重事故进程，严重事故管理的基础和原则，诊断工具以及推荐的用于将电厂带入受控稳定状态的策略。

• OSSA 导则

OSSA 技术背景报告需要转化成具体的运行程序以使严重事故工况的管理相对更加容易。应为应急组织中的不同成员编写具体的 OSSA 运行程序，尤其是技术支持组和 MCR 运行团队编写。TSC 主要使用 TSC 导则；MCR 的导则包括：操纵员、协调员和安工/值长导则；应急指挥部主要包括 PED 导则。

3.5.2.2 OSSA 导则构架

• 根据 EPR 设计的特点，确定严重事故管理导则体系主要构架如图 3.23：其中 PICS/SICA/SAP 分别为在 PICS，SICS 和严重事故管理专用控制盘上使用的导则。

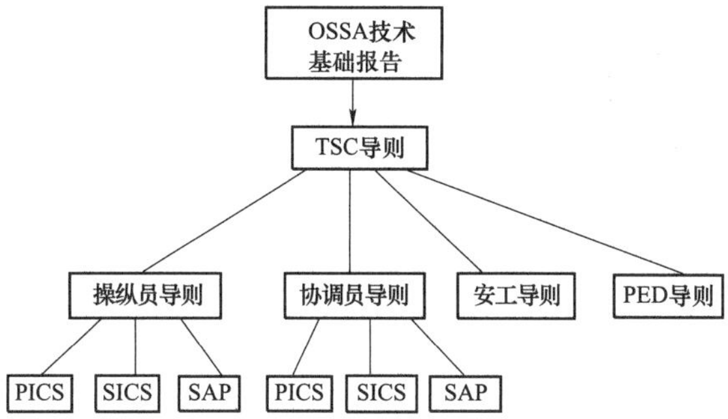

图 3.23　严重事故管理导则体系主要构架

• 基于技术基础报告转换为 TSC 导则，是技术基础报告的简化，但需保持与技术基础报告的严重事故缓解原则一致，且能循环诊断电厂状态。TSC 导则主要基于上述提到的诊断工具，连续监测三个带优先顺序的严重事故的安全功能的状态并向主控给出缓解措施的建议，值得注意的是，在福岛核事故之后，增加了对乏池状态的循环监视。主要逻辑如图 3.24。

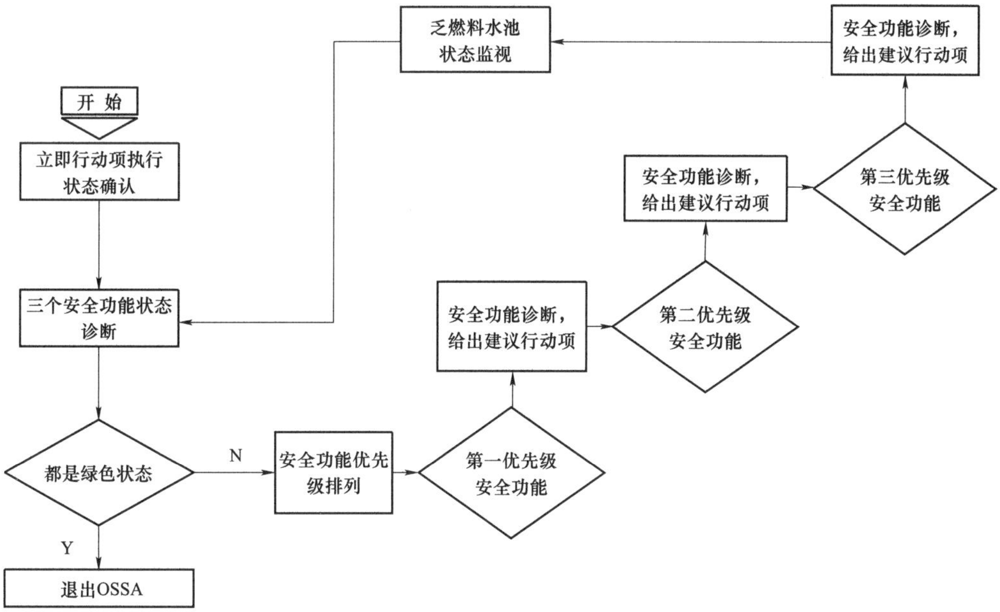

图 3.24　TSC 导则逻辑

• 操纵员、协调员、安工、PED 导则需保持与 TSC 导则一致性，是 TSC 导则要求在 MCR 操作的细化(类似事故规程)。且需要能循环执行。对于每份管理导则，严重事故缓解行动主要分为立即行动和后续行动。并且导则需可以循环执行。如主控室导则的逻辑(图 3.25)。

• 为避免引用大量的程序，严重事故下使用系统导则(严重事故下用到的一些特殊在线方式的集合)，其提供了重要的流体系统的各种在线方式，说明了系统在严重事故下各种可能的常规或特殊的用法。系统导则在各导则中被调用。

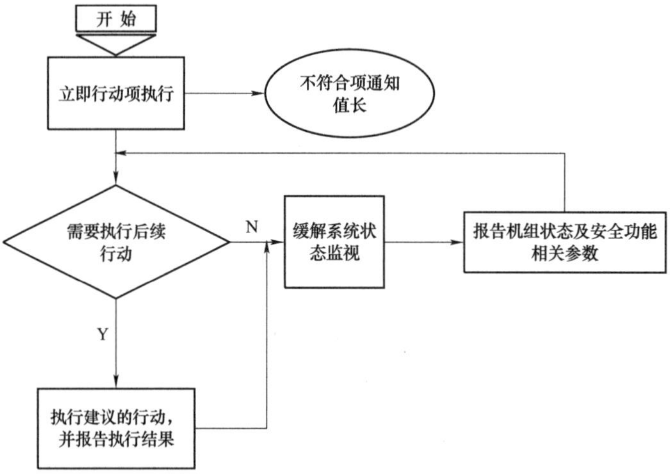

图 3.25　主控室导则逻辑

3.5.2.3　OSSA 导则的编制

3.5.2.3.1　立即行动项

一旦转换到 OSSA，主控室应用程序实施一系列系统的操作，这些行动叫做“立即行动”。从启用严重事故管理导则开始，由操纵员实施这些行动，不需要技术支持组评估。举例如下：

—确认安全壳的隔离；

—检查安全壳从两房到一房的转换。

所以应起草立即行动清单，使操纵员可以管理如下行动：

1. 严重事故系统启动

检查保证严重事故缓解设备已启动并正确运行应当作为立即行动的一部分。

2. 快速事故情况

技术支持小组介入和准备评估之前，所有导致严重事故的情形应通过 OSSA 立即行动缓解。如果转换到严重事故管理程序发生在应急组织准备好状况评估之前，操纵员可能一段时间内需要独立管理机组的状态，没有任何分析的帮助。

3. 长期行动的准备

还设计了立即行动保证长期缓解行动能够尽早启动（例如，通知厂内的组织，配置系统，在准备好或维修后启动设备等）。

执行立即行动预先考虑到以下原则：

—减少和控制放射性释放的立即行动优先，然后是建立可接受的安全壳状态，最后是加强余热导出的行动。

—可能比较耗时的行动应当尽早启动。

—最后，应进一步确认在 EOP 中执行的若干行动。与“检查”不同，“确认”意思是执行或者重复可能已经在 EOP 中执行过的操作。

—确认 RCP 通过稳压器泄压，检查主泵停运和隔离安全壳贯穿件等都是立即行动的例子。

立即行动项：

• 立即行动项清单分为在失去所有交流电源的工况（SBO＋丧失 SBO 柴油机工况）和

非失去所有交流电源工况。在两种工况下操作项目有所不同(见表 3.10 和表 3.11)。

• 对于每项立即行动,有的在主控实施,有的在就地实施。梳理在主控室怎么操作,就地怎么操作,可用的替代操作是什么。

• 梳理立即行动在主控室每项详细操作,包括:在 PICS 上怎么操作,在 SICS 上怎么操作,在失电(SBO+丧失 SBO 柴油机)时 SA panel(严重事故专用控制盘)上,怎么操作。

• 按上述 3 个执行立即行动项的原则排列每项操作的优先顺序,并考虑操作之间的信号闭锁关闭,组成每份导则的立即行动项。

非丧失所有交流电源工况的立即行动项清单见表 3.10:

表 3.10　非丧失所有交流电源工况的立即行动项

行动	主控室或就地实施	有替代行动	反应堆状态
确认通过 PDS 进行反应堆冷却系统泄压	MCR	是	A,B,C
检查反应堆厂房工作人员撤离,人员闸门和应急闸门关闭	MCR	否	A,B,C,D,E
安全壳贯穿件的隔离			A,B,C,D,E
与“安全壳隔离第一二阶段”信号相关的安全壳隔离阀:手动触发 CI1 与 CI2 信号关闭	MCR	是	
与“安全壳隔离第一二阶段”信号不相关的安全壳隔离阀识别和关闭不用于严重事故缓解的安全壳贯穿件	MCR 和就地	是	
确认 RIS 安注箱解除隔离	MCR	否	A,B,C,D,E
检查主泵跳闸	MCR	是	A,B,C (C3 除外 *)
确认传输通道关闭	MCR	是	E
断开保护系统			A,B,C,D,E
行政授权闭锁 RPR	MCR	否	
在 RPR 电气柜上用闭锁钥匙闭锁 RPR 输出。此操作要求就地 4 列 RPR 上执行	就地	否	
SG 蒸汽侧和水侧的隔离	MCR	是	A,B,C,D,E
确认堆坑通风系统停运	MCR	是	A,B,C,D,E
检查 EDE 安全列启动,正常运行列隔离	MCR	是	A,B,C,D,E
检查 DWL 事故列,EBA 低流量回路运行,确认 DCL 事故列启动	MCR	是	A,B,C,D,E
隔离 EVU 房间通风,检查冷却调节启动	MCR	是	A,B,C,D,E
确认氢气混合气门开启	MCR	是	A,B,C,D,E
确认氢气和安全壳内大气监测系统(ETY5)启动	MCR	是	A,B,C,D,E
启动事故后取样系统(REN9)	MCR	否	A,B,C,D,E
准备严重事故安全壳的最终热阱			A,B,C,D,E
闭锁 EVU 房间地坑的 RPE 泵	就地	是	
确认位于 EVU 取水管安全壳隔离阀下游的 EVU/RCV 连接阀隔离	MCR	是	
准备 SRU 列	就地	否	

SBO+丧失 SBO 柴油机工况的立即行动清单见表 3.11:

表 3.11 SBO+丧失 SBO 柴油机工况的立即行动项

行动	主控室实施或就地实施?	替代行动	反应堆状态
确认通过 PDS 进行反应堆冷却系统泄压	MCR	是	A,B,C
检查反应堆厂房工作人员撤离,人员闸门和应急闸门关闭	MCR	否	A,B,C,D,E
确认 4 列电源转换到 12 h 蓄电池	就地	是	A,B,C,D,E
确认安全壳贯穿件隔离	就地	是	A,B,C,D,E
确认传输通道关闭	MCR	否	E
断开保护系统			A,B,C,D,E
行政授权闭锁 RPR	MCR	否	
在 RPR 电气柜上用闭锁钥匙闭锁 RPR 输出	就地	否	
SG 蒸汽侧和水侧的隔离	就地	否	A,B,C,D,E
检查 EDE 安全列启动,正常运行列隔离	MCR	是	A,B,C,D,E
检查 DWL 正常列,事故列排风隔离,EBA 低流量回路隔离	就地	否	A,B,C,D,E
确认 DCL 风门关闭	就地	否	A,B,C,D,E
隔离 EVU 房间通风	就地	否	A,B,C,D,E
确认氢气混合气门开启	MCR	是	A,B,C,D,E
确认氢气和安全壳内大气监测系统(ETY5)启动	MCR	是	A,B,C,D,E
准备严重事故安全壳的最终热阱:			A,B,C,D,E
闭锁 EVU 房间地坑的 RPE 泵	就地	是	
确认位于 EVU 取水管安全壳隔离阀下游的 EVU/RCV 连接阀隔离	就地	是	
准备 SRU 列	就地	否	

3.5.2.3.2 后续行动项

在 TSC 到位之后,TSC 在应用程序对三个安全功能进行评价和对整个机组状态进行把握后,向操纵员建议应该采取的行动,即后续行动,然后操纵员在值长的同意下执行。

• 梳理后续行动中最主要的操作,大约有 8 项,对于每一项重要操作,采用专项操作单的形式,细化到每一步操作,使其具有可行性和可操作性。8 项后续行动:

— SAB/FB 厂房泄漏查找

— 安全壳喷淋

— SG 的管理

— 熔融物能动冷却

— 压力容器内注水

— IRWST 补水

— EVU/RIS 滤网反冲洗

— IRWST 冷却

• 如安全壳喷淋的操作单,通过判断后执行相应的程序。其中可能会调用上文提到的系统导则,如本操作要使用 EVU 的系统导则。可能还要用到移动设备等,如本操作单里的安全壳移动喷淋,如图 3.26 所示。

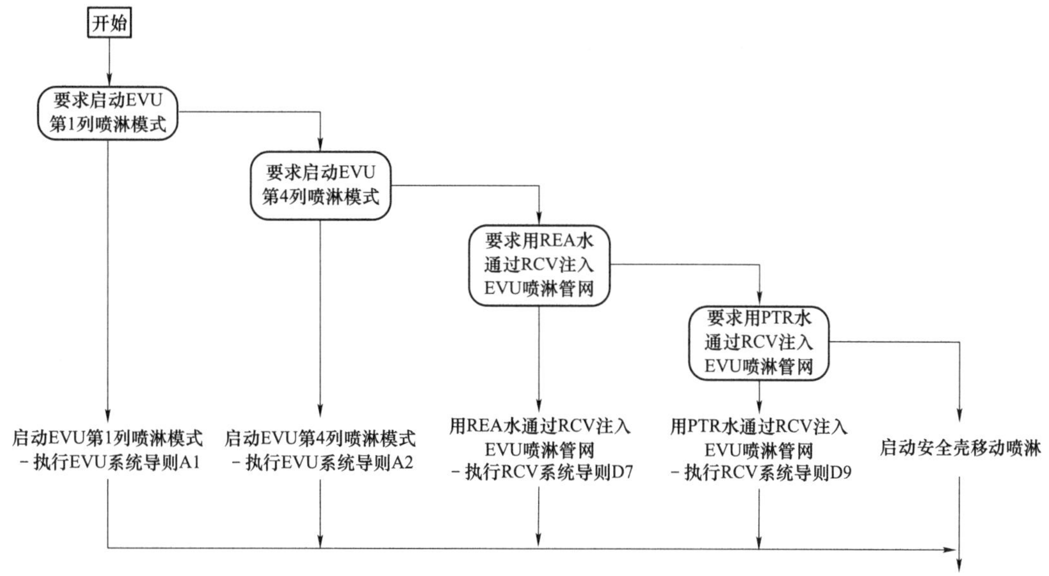

图 3.26　安全壳移动喷淋管理

• 在执行以上 8 项主要后续缓解行动时，需要调用到系统的某些特殊的在线方式，而正常运行用到的程序可能就不再适用，充分利用 ANP 提供的系统导则，对 RCV/REA/RBS/EVU/RIS/PTR 等系统有专门的系统导则供使用，其中包含该系统在严重事故中不同情况下的各种使用方式。

3.5.2.4　OSSA 的主要特点

• 缓解措施主要基于非能动的缓解方式，当然，极少数手动的缓解操作也是需要的；

• OSSA 是管理严重事故一个用户友好的工具，基于预先定义的 3 个安全功能来诊断电厂状态，且可以循环执行；

• 非计算机诊断，诊断基于纸质文件，且诊断简单；

• 使用所有可用的安全级设备和非安全级设备；

• 状态导向，不是事件导向；

• 超出现有 EOP 的范围，是现有 EOP 的延伸。

• 包括除 F 状态之外的所有反应堆状态(F 状态有专门 FB 事故规程)。

3.5.3　福岛改进项及相关文件

3.5.3.1　简介

福岛核事故后，台山核电有针对性地进行了一系列的改进行动，以提高应对超设计基准事故的能力。2012 年 6 月，国家核安全局颁布了《福岛核事故后核电厂改进行动通用技术要求(试行)》(以下简称《通用技术要求》)，台山核电结合台山核电福岛改进项的工作对照《通用技术要求》做了符合性分析。分析结果表明，台山核电福岛改进项基本满足《通用技术要求》的规定。

改进和分析主要包括：防水淹、乏燃料池监测、消氢分析、双机组布置核电厂缓解严重事故后果、应急中心、抗震裕量分析、防灾预案、应急响应、DCS 可靠性、PSA、放废处理，移动电源及应急补水、SAMG 和 EOP 升版修改、环境监测。具体参见《台山核电厂福岛事故改进报告》。

3.5.3.2　移动电源和移动补水

(1) 移动柴油发电机的连接(10 kV 和 400 V)

目的：

为了管理福岛事故类似超设计基准事故和长期丧失交流电源事故，考虑了丧失所有 4 台 10 kV EDG 和 2 台 SBO-DG。如果没有其他部署，这些事件将导致余热导出功能完全丧失，堆芯裸露和熔化。为了避免进入严重事故，移动柴油机发电机设备保证对于必要的电源供应。

在严重事故缓解阶段，移动柴油发电机保证避免大量放射性释放的必要系统所需的电源供应。

执行条件：发生全厂失电后，一旦 1 列 SBO-DG 启动失败，即执行本操作。

执行方式：

大柴油发电机(2×1 550 kW 并联)连接到 LHA 或 LHD 配电盘。

小柴油发电机(100 kW)连接到 LVP(如果不可用则连接到 LAA)或者 LVS(如果不可用则连接到 LAD)。

大/小柴油发电机组连接点示意图如图 3.27 所示：

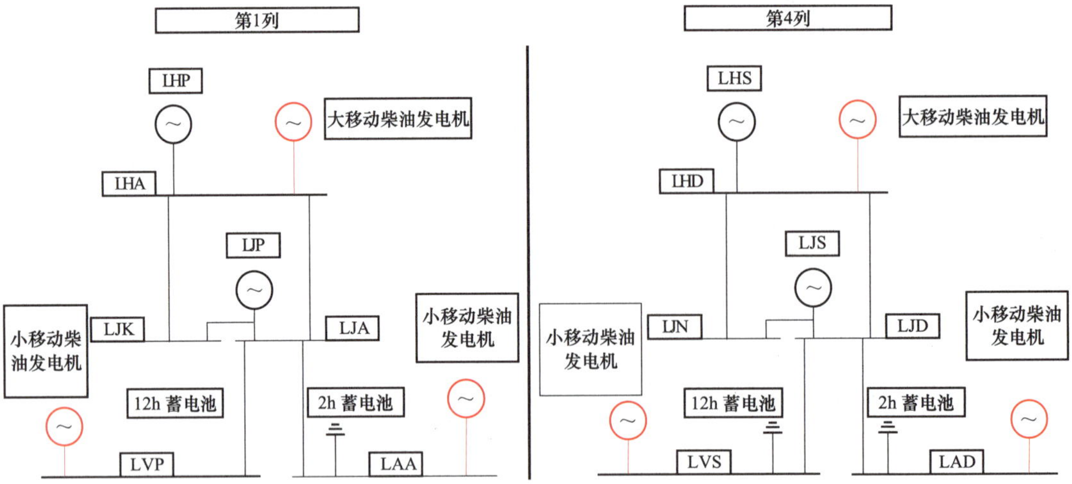

图 3.27　大/小移动柴油发电机组连接点示意图

(2) 移动泵应急补水操作

主要包括三部分：乏池移动补水，ASG 水箱移动补水，安全壳移动喷淋。

1) 乏池移动补水

目的：

为了管理福岛事故类似超设计基准事故，考虑了丧失电源和/或冷却链长达数天。这些事件将会导致乏池冷却方式完全丧失(PTR)。在这种情况下，通过乏池水蒸发来带走余热。然而，由于蒸发会引起乏池水装量的下降。因此，必须启动乏池的补水防止乏燃料裸露和熔化。

然而，现有乏池的补水水储存量不能应对长期的事件。如果没有其他部署，乏池水装量将会下降导致裸露和熔化。

为了避免乏燃料组件的裸露，必须执行乏池移动补水提供足够的水装量以应对长期事件。

执行条件：

丧失电源和/或冷源后，乏池冷却和正常补水方式都不可用的情况下使用本操作，用于保证乏池的补给。

执行方式：

通过连接移动泵到 JAC 管道，然后通过 JAC/JPI 管网以及 JPI/PTR 连接管线给乏池补水。具体如图 3.28 所示。

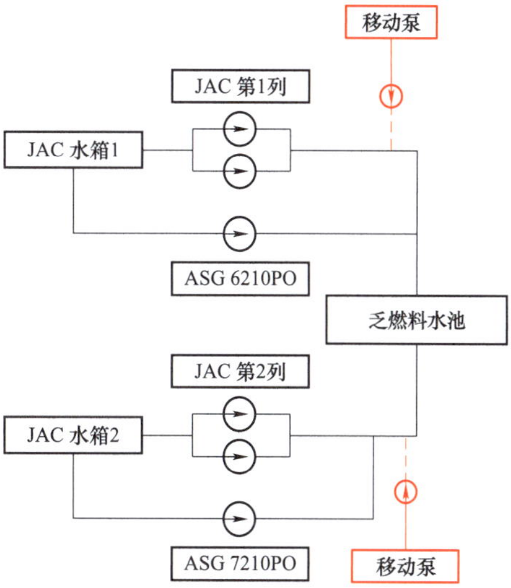

图 3.28　乏池移动补水示意图

2）ASG 水箱移动补水

目的：

为了管理福岛事故类似超设计基准事故，考虑了丧失电源和/或冷却链长达数天。假设丧失 RIS/RHR 的余热导出功能，只要一回路可升压，通过 ASG 供水给蒸汽发生器可导出余热。然而，ASG 的水箱水量不能应对长期的事故(大于 4 天)。因此，如果没有其他部署，ASG 水箱耗尽导致余热导出丧失，堆芯裸露和熔化。为了避免进入到严重事故，执行 ASG 水箱移动补水，提供足够的水量以应对长期事故。

执行条件：

丧失电源和/或冷源后，ASG 水箱的补给不可用时，应值长、安工的请求，执行本操作单。本操作单专用于事件/事故运行工况。

执行方式：

通过外部给 ASG 水箱补水有两种方式：

- 通过连接移动泵到 JAC 管道，通过 ASG 补水管道给 ASG 水箱补水(这条管道正常是用于 JAC 水箱给 ASG 水箱补水)；
- 通过外部消防车水箱直接连接到 ASG 水箱接口(ASGi102VD-)补水。

具体如图 3.29 所示。

3）安全壳移动喷淋

目的：

在完全丧失 EVU 的情况下，安全壳内的喷淋和余热导出不再能得到保障。在严重事故下安全壳内压力将将持续增加并超过安全壳设计压力。

使用移动泵将外部冷水从安全壳穹顶环管喷出，降低安全壳内的温度和压力。这项操作将使安全壳压力长期维持在可接受的范围之内，留给 EVU 恢复可用的时间得到延长。

执行条件：

在严重事故工况，两列 EVU 都不可用于安全壳长期热量排出时，使用本操作单。本操作单适用于严重事故工况，不适用于事件/事故工况。

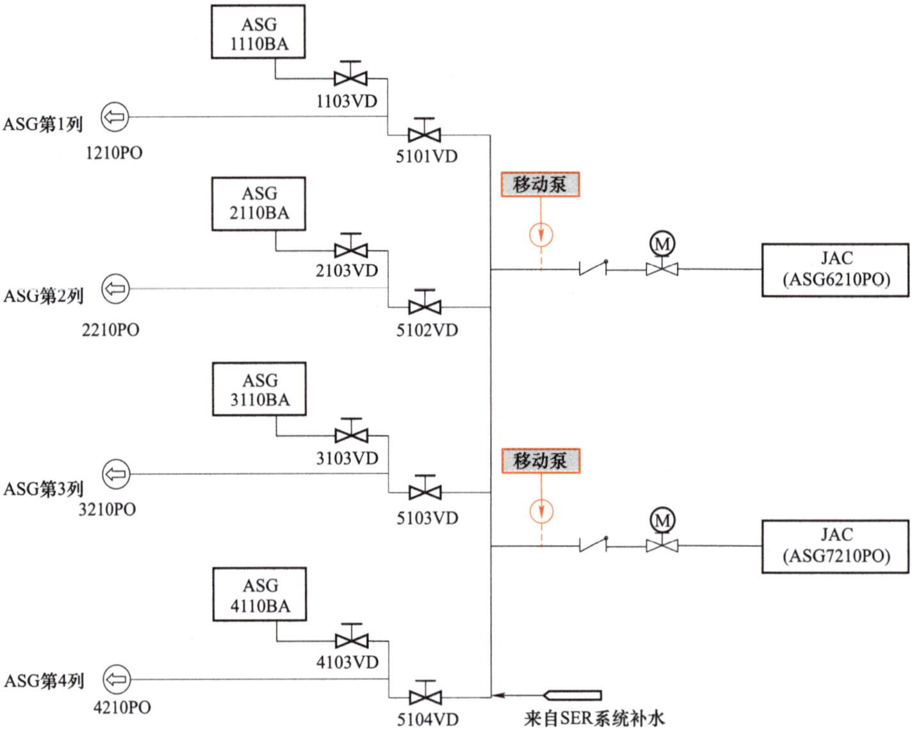

图 3.29 ASG 水箱移动补水示意图

执行方式：

移动泵可以连接到 EVU 的第 1 或第 4 列。具体如下(图 3.30)：

- 移动泵组从外部水源取水；
- 通过 EVU 第 1 或第 4 列专用接管，EVU 泵，EVU 喷淋管线，从而注入安全壳内喷淋环网。

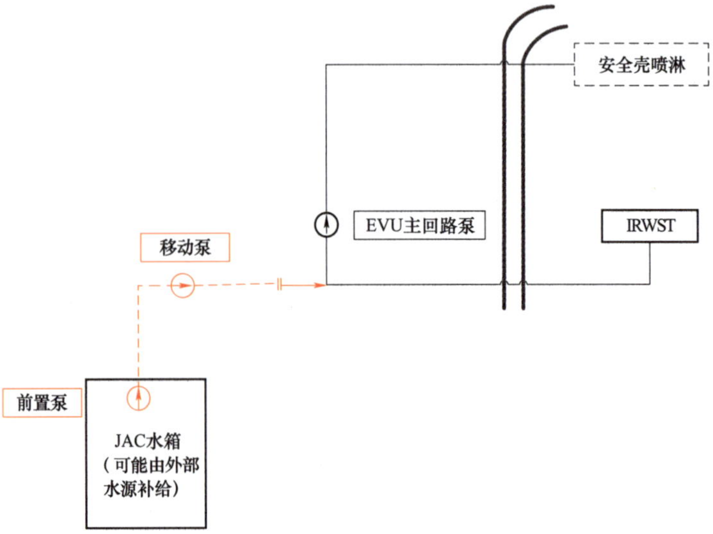

图 3.30 安全壳移动喷淋示意图

3.5.3.3　福岛改进项相关文件

在相关研究支持文件的基础上，为了保持和现有 EOP 及 OSSA 文件体系的一致性，设计方提供了福岛类似工况管理导则（TS-X-NIEP-PEPO-F-DC-20163 Emergency Operating Guideline for Crisis Management Team），也叫作 post-Fukushima guideline。主要用于管理福岛类似的超设计基准事故以及长期失去交流电源等事故。目的是帮助 TSC 人员在根据机组状态来做出正确的策略选择。该文件里提到的行动和措施是 EOP 或 OSSA 策略的补充或替代手段。

（1）福岛类似工况管理导则的进入

福岛类似工况管理导则适用于所有的机组状态，由 TSC 组执行。在发生失去电源或失去冷源等事故情况下，在永久监视程序 SPE/SPEO 中有接口要求 TSC 执行福岛类似工况导则。

（2）福岛类似工况管理导则的内容和结构

福岛类似工况管理导则主要由 3 部分组成。

• 第一部分：机组状态诊断，目的是诊断哪些支持功能丧失。主要工况包括 LOOP，LUHS 或 DUHS，SBO，ELAP，以及上述工况的组合。

• 第二部分：对于第一部分诊断得到的机组状态，提供一个总的管理策略。适用于事件事故工况（IAC），目的是在进入严重事故之前，采取行动预防堆芯熔化或乏池燃料组件降级。

• 第三部分：专项操作单，提供了移动设备使用方式所有的信息以及与主控室文件的一些接口信息。事件事故、严重事故工况都适用。

需要说明的是：福岛类似工况管理导则里面的操作是不包含在主控执行的事故规程里的，是主控执行的事故规程的补充或可选的补救措施。一旦达到进入严重事故的准则，必须执行 OSSA 导则，福岛类似工况管理导则可与 OSSA 导则同时执行。其作为 OSSA 导则的补充，导则里的一些额外的措施不包含在现有 OSSA 导则里，是为了达到强化严重事故下的缓解策略的目的。

福岛类似工况管理导则的总体结构如图 3.31：

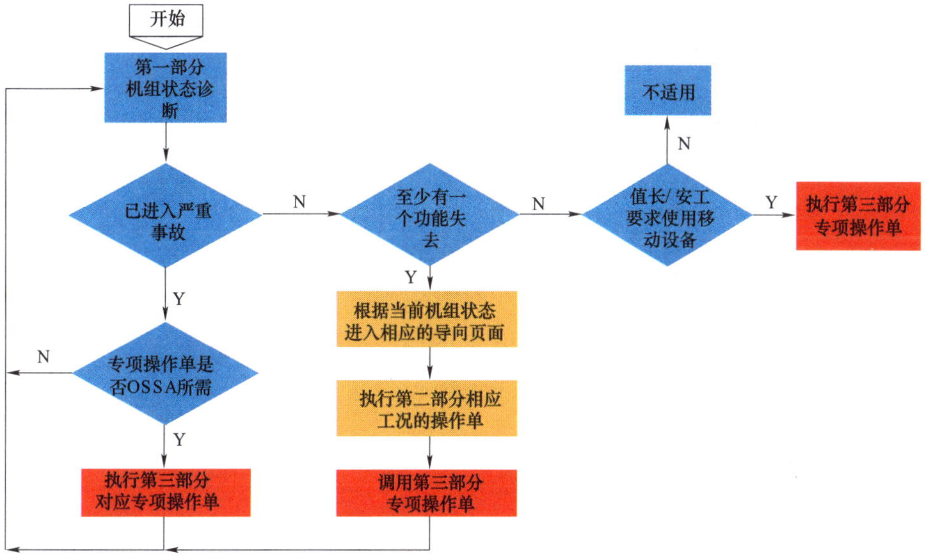

图 3.31　福岛类似工况管理导则的总体结构

3.6　内外部灾害

3.6.1　背景

根据《核动力厂设计安全规定》(HAF102—2016)的规定，为防止核电厂发生事故和减轻事故后果，必须应用纵深防御概念，建立一系列连续和独立的防御层次，如果某一层次的防护失效，则由后一层次提供保护。其中第一层次是防止偏离正常运行和防止安全重要物项的故障。在这一层次，降低内部灾害(《核动力厂设计安全规定》(HAF102—2016)将内部和外部灾害称为内部和外部危险)的可能性的设计措施有助于事故的预防。假设始发事件必须包括内部和外部灾害可能引起的失效，并对假设始发事件进行分析以确定为执行所要求的安全功能所必需的预防和缓解措施。

《核动力厂设计安全规定》(HAF102—2016)规定"安全重要物项的设计基准，必须针对有关的运行状态、事故工况以及由内部和外部危险导致的工况，详细说明其必需的能力、可靠性和功能，以在核动力厂整个寿期内满足特定的验收准则"。

可见，核电厂必须对内部和外部灾害进行安全分析，并确定必需的预防和缓解措施。

3.6.2　内外部灾害

EPR 技术导则(FSAR 附录 1A)给出的 EPR 总体安全目标之一是在考虑不确定性、所有类型的失效和灾害时总的堆芯损坏频率(Core Damage Frequency，CDF)小于 10^{-5}/堆·年。PSA 计算表明台山 EPR 机组总的 CDF(内部事件、内部灾害和外部灾害)为 3.06×10^{-6}/堆·年。其中内部事件导致的 CDF 为 1.9×10^{-6}/堆·年，内部灾害(内部火灾和水灾)导致的 CDF 为 3.4×10^{-7}/堆·年，外部灾害导致的 CDF 为 8.2×10^{-7}/堆·年。可见内外部灾害对总的 CDF 的贡献占 37%。内外部灾害与内部始发事件有一定潜在关联性，且对发生频率有贡献。

台山 FSAR 中考虑的内外部灾害有 13 类，具体见表 3.12。

表 3.12　FSAR 内外部灾害清单

序号	内部灾害	序号	外部灾害
1	内部火灾	8	地震
2	内部水淹	9	飞机撞击
3	管道泄漏和破裂	10	外部爆炸
4	内部飞射物	11	闪电和电磁干扰
5	内部爆炸	12	极端气象条件
6	重物坠落	13	外部洪水
7	箱体、泵和阀门失效		

3.6.2.1　内部灾害

内部灾害定义为核电厂内部引起并可能引发不利工况或对实现三大基本安全功能(即

反应性控制、余热排出和放射性物质包容)的设备造成损坏的事件。内部灾害主要包括管道、压力容器、箱体、泵和阀门故障,以及水淹、火灾、爆炸、飞射物和重物坠落。

内部灾害防护必须采用"纵深防御"原则,通过实施预防、控制和缓解措施来限制此类灾害的可能性和后果,与应对内部事件的措施一致。

关于3大基本安全功能的定义,不仅要考虑包含实现和维持安全停堆状态所必需的系统的厂房,还要考虑包含带有放射性物质的系统的厂房。

需要强调的是,必须准确考虑停堆状态期间发生的内部灾害,包括在这些状态下所需的安全系统和设备的特定配置。

3.6.2.2 外部灾害

外部灾害定义为源于核电厂外的自然或人为事件,可能对核电厂的安全造成负面影响。外部灾害主要包括地震、飞机撞击和爆炸及洪水。

外部灾害可连续或同时影响核电厂的不同防御层次,这与厂址相关。因此,应适当考虑厂址的选择,以免对相应的核电厂设计强加过高的要求。一般而言,对外部灾害应采取设计措施,与针对内部事件和内部灾害的措施相一致;即,外部灾害不应成为EPR相关风险中的最主要因素。下面以应对洪水及地震的设计为例,分别予以简介。

(1) 厂坪高度设计

法律法规要求:

根据《核电厂厂址选择安全规定》(HAF101)要求,判断厂址是否适于核电厂时,厂址所在区域可能发生的外部自然事件或人为事件对核电厂的影响是必须考虑的因素之一,根据相关事件及各种现象(如风暴潮、海啸核风浪等)发生的频率和严重程度,综合考虑确定厂址相关的设计基准内外部事件,对厂址的安全性进行审查。其中,针对厂址外部事件设计基准的评价,包含了该区域由于降水或其他原因引起的洪水、因地震引起的波浪、因挡水构筑物受破坏而引起的洪水及波浪等。

导则《滨海核电厂厂址设计基准洪水的确定》(HAD101/09)是《核电厂厂址选择安全规定》(HAF101)补充说明,其中明确了滨海核电厂厂址选择的设计基准洪水水位的方法。该导则要求在所有时间内确保安全停堆、堆芯冷却和放射性物质的抑制,其中包括防止以后可能发生外部洪水泛滥给核设施所带来的不利影响。

台山核电厂厂址依据《滨海核电厂厂址设计基准洪水的确定》(HAD101/09),确定设计基准洪水水位(DBF)为7.58 m,结合安全经济等因素后,厂坪标高最终确定为8.5 m。同时,厂区防洪护岸挡浪墙顶标高为9.5 m,允许部分越浪,越浪水体通过护岸后的排洪沟排除,厂坪标高8.5 m,不会受到海域洪水的影响。

福岛核事故后,2014年台山核电厂委托第三方依据中国国家海洋局2011年6月9日发布的《我国沿海核电厂地震海啸风险论证》,进行了安全性复核试验和分析,专家审评结论是在相应海啸波的作用下,厂区未有上水情况,结果可信。

台山设计基准洪水(DBF)水位设计:

台山核电厂是一座滨海电厂,台山核电厂腰古厂址位于台山市赤溪镇腰古村东北方约1.2 km处。台山厂址的设计基准洪水位考虑了下列不利因素的组合,其组合潮位如表3.13所示。

表 3.13

10%超越概率最高天文潮位	2.22 m
+可能最大风暴潮增水	5.23 m
+电厂寿期内海平面升高	0.13 m
合计	7.58 m

即厂址处设计基准洪水位(DBF)为 7.58 m。考虑设计基准洪水位的影响,并结合工程所在地的地形、地质、土石方平衡、总体布置等因素,从安全、经济的角度出发,厂坪标高最终确定为 8.50 m。

同时,厂址对洪水及其起因事件、溪流与江河中可能最大洪水的估算、地震引起的水坝可能破坏及水文因素引起的溃坝、可能最大风暴潮和假潮泛滥、可能的最大海啸泛滥计算的结果均被上述厂坪设计结果包络(根据计算,除上述历史天文潮位、可能的最大风暴潮增水、寿期内海平面升高外,其他不纳入设计基准洪水事件的组合)。

其中关于海啸信息,2011 年 6 月,中国地震局和国家海洋局联合编制了中国沿海核电厂地震海啸风险论证,通过历史地震海啸资料分析,琉球海沟和马尼拉海沟(琉球海沟和马尼拉海沟,如图 3.32 所示)提供了可能引发海啸的断层及其组合参数,马尼拉海沟 8.8 级海啸源计算的成果对沿海的厂址影响最大,影响台山核电厂厂址处海区最大地震海啸的增水为 1.53 m,减水为-1.46 m。厂址海区地震海啸产生的洪水事件比热带气旋产生的风暴潮洪水影响要小,不参与设计基准洪水事件的组合。

福岛核事故后重新核算:

通用技术要求:2011 年福岛核事故发生之后,国家核安全监管部门组织了综合检查,并根据检查结果,在 2012 年 6 月发布了《福岛核事故后核电厂改进行动通用技术要求(试行)》,其中包含了 8 个方面的具体要求,核电厂防洪能力改进技术要求为其一。根据上述要求,台山核电厂对相关设计基准进行了复核计算,同时对低下廊道、核岛厂房、泵站厂房、消防站防水淹设计、主要构筑物临时防水淹措施进行分析评价,根据分析结论落实了相应的永久改进措施。

海啸数值模拟计算:2014 年 12 月,台山核电厂委托中交天津港湾工程研究院公司、中国交建海岸工程水动力重点实验室依据海洋局提供的海啸波数据基础上,进行数值模拟负荷计算及影响评价,结论为数值模型计算结果对台山核电厂中排水明渠护岸断面与排水南倒流堤过渡段断面进行海啸波断面试验,试验表明断面在相应海啸波作用下整体稳定,厂区未见上水,结果可信。可作为福岛事故后台山核电厂海啸风险复核的依据。

台山核电厂厂坪高度设计满足国家法律法规要求,并且在福岛核事故后,采用国家海洋局最新的数据进行复核计算,结果表明按照最新数据的海啸引起的最大增水,也不会导致厂区上水。

核电厂厂坪高度设计综合了厂址相关的各类历史灾害数据,而这些灾害数据作为设计基准(design base)的输入之一,将是核电厂持续跟踪的内容之一。随着技术发展,在设计基准相关领域研究数据有新的突破时,将重新启动对设计基准的分析评估,并根据分析结论对核电厂的设计基准进行升版,包括对现有各类设计参数的更新。

(2) 厂址抗震设计

法律法规要求:

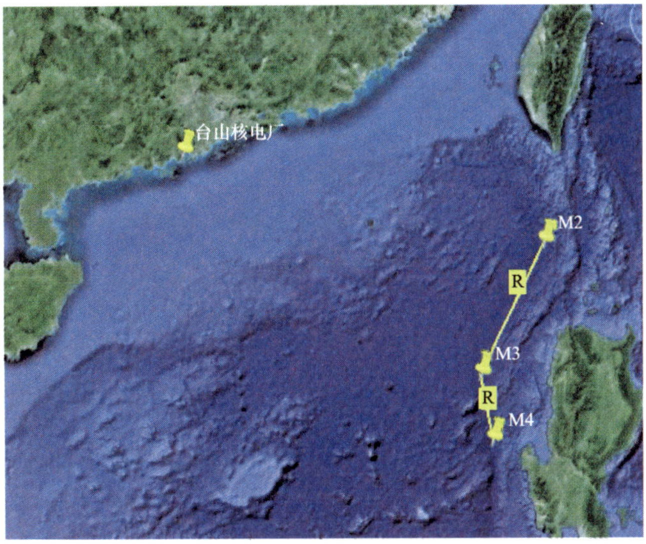

图 3.32 台山核电厂厂址及马尼拉海沟 RM2+3 联合断层示意图

根据《核电厂厂址选择安全规定》第 4.7 节(HAF101_4.7),核电厂选址时必须对厂址区域地质及地震进行评价并根据区域的地震构造评价确定设计基准地震。相应地《核电厂厂址选择中的地震问题》第 2.5 节(HAD101/01_2.5)中建议无论提示的地震危险如何低核电厂的对应于安全水平 SL-2 级地震的最小值采用 0.1g 地面水平峰值加速度。《核动力厂安全设计规定》(HAF102)以及《核电厂的抗震设计与鉴定》(HAD102/02)中要求对核电厂的结构、系统和部件按其在发生设计基准地震时的安全重要性进行分类以及应采用的抗震设计的一般要求。

台山核电厂设计地震基准:

确定性方法评价结果:根据 FSAR 1.8《与中华人民共和国及法国法规的一致性》,在满足上述法规要求的基础上,对于地震风险的确定,AVERA 最初采用的是与 FLA3 电厂同样的标准水平向 EUR 设计谱,零周期加速度取 0.25g,垂直向加速度取水平向的 2/3。而后,根据台山核电厂实际情况,所有的 NI 厂房均构建于一块整体浇筑的混凝土筏基上,而且筏基下的基岩为微风化花岗岩,经重新计算最后采用的作为台山厂址特定的设计地震基准 SL-2(即 Safety Shutdown Earthquake, SSE)级设计基准地面运动峰值加速度值水平向为 0.18g。

概率性方法评价结果:其计算中选取的震级上限为 8.0 级,起算震级为 4.0 级。根据概率法计算结果,台山厂址年超越概率 10^{-4} 的基岩水平向峰值加速度为 0.17g,即根据概率法计算出的 SL-2 级地需运动水平向峰值加速度值为 0.17g。

台山核电厂最终 SL-2 级地面运动峰值加速度:取上述两种方法取得的最大值作为台山厂址 SL-2 级地面运动基岩水平向峰值加速度值,即 0.18g。该值作为《广东台山核电项目可行性研究阶段地震安全性评价报告》的主要结论之一于 2006 年获批。根据《核电厂抗震设计规范》(GB 50267—97)中的规定"运行安全地震震动的加速度峰值的取值不得小于对应的极限安全地震震动加速度峰值的 1/2",取 0.09g 作为台山厂址 SL-1(即 Operating-Basis Earthquake, OBE)级地面运动水平向峰值加速度值。

台山核电厂设备及构筑物抗震分级原则：

对设备及构筑物进行抗震分级设计的目的：在地震工况保证将反应堆带入及维持在安全停堆状态的安全功能未受到不可接受的影响。

抗震等级分级原则：对应于 HAD102/02 中的 I/II 类抗震物项，EPR 设备和构筑物的抗震等级分为 SC1 及 SC2。具体分级原则：

■ 执行 F1 级功能或属于 M1 级的设备，以及 C1 级厂房均必须是 SC1 级；

■ 根据放射性包容功能的功能分析，同时考虑厂房要求进行逐一分析，M2 或 M3 级设备可能被划分为 SC1 级；

■ 一般地，执行 F2 级功能的设备无须是 SC1 级，但以下 F2 级功能须划分为 SC1 级

• SBO 应急柴油发电机及其支持系统；

• DEC-B 工况下的安全壳余热导出功能，以及执行此功能所需的支持系统（电源、热阱）；

• 执行 F1 级功能的机械、电气或仪控设备所在厂房中的隔离、探测和消防系统必须为 SC1 级；

• 某些对于维持安全停堆不重要，但在 24～72 h 间可能需要的额外功能；

• PICS；

■ 用于保护 SC1 设备或对 SC1 设备可能产生不可接受影响的设备和构筑物属于 SC2 级。

对于 SC1 级设备和构筑物的要求：根据设备在安全上所起的作用以及设备本身的动作方式，同属 SC1 级设备的要求不总是一样。对 SC1 级设备的抗震要求有：

• 可操作性。设备在地震作用下仍能执行安全功能和满足安全目标的能力；

• 运行能力。承压设备在经受设计荷载时可保持在限定的变形内，其功能不因流量减小而受到削弱；

• 完整性。承压设备有经受设计荷载时仍能保证其完整；

• 稳定性。设备不应产生不可接受的倾斜、下沉、滑移或可能导致一些部件的损坏。设备的稳定性主要依赖其支撑结构的稳定性和承载力。

对于构筑物的要求则是：

• 整体稳定性。主要针对主体结构，目的是防止结构的倒塌；

• 局部稳定性。主要是静平衡、机械抗力和刚度方面的要求；

• 设备支撑。指支撑设备的结构部件满足该设备的设计要求；

• 包容性。目的是限制危险物质释放到环境中，对于构筑物是指其密封性的要求；

• 防止相互作用。限定了地震工况构筑物移动的距离以及相互间的间距。

对 SC2 级设备和构筑物的要求：通常，SC2 级构筑物有稳定性的要求，SC2 级设备有稳定性和/或完整性要求

地震与 DBC/DEC 事故分析：

• 安全设备在事故分析中的荷载应考虑事故荷载与地震荷载的组合。例如，内层安全壳、反应堆厂房内部结构和堆内构件应考虑大 LOCA（PZR 波动管双端断裂）工况下的荷载与地震荷载的组合；

• 需对所有 DBC2-4 工况执行特殊分析，需在 DBC 事故工况上叠加震后厂外供电全部

丧失 24 h 的组合工况。FSAR 15.10 包括了本部分内容；

• 需考虑地震工况引起的最长 15 天 LOOP 工况。

台山核电厂地震探测系统：

台山核电厂设计有地震探测系统 KIS，其用于地震时向电厂人员提供相应的报警及地震参数信息以及一些自动动作。

KIS 地震探测器分为两类，具体见表 3.14，第 1 类用于地震时向电厂人员提供相应的报警及地震参数信息，不产生任何自动动作，功能安全分级为 NC 级。KIS 在每台机组上共有 7 个该类探测器，分别附于反应堆厂房、安全厂房、核辅助厂房。同时 1、2 号机组还有一个共用的自由场探测器。第 2 类探测器用于预防地震工况可能引起的内部侵害，比如为防止地震工况非 SC1 级 SGH 氢气管线断裂氢气泄漏最终导致氢爆，所以其安全功能分级为 F2 级。地震时它会向电厂人员提供相应的报警并要求操纵员执行一些防内部侵害的措施，以及直接触发一些自动动作：

—自动隔离 HNX/HQA 厂房内的 SGH 管线；

—要求手动隔离 RCV 及将 DWN 切至静态包容模式；

—要求手动隔离 SEP，SES 以及 JPI。

表 3.14　地震探头

	ECS 码	安装位置	Significant Seismic Event			Seismic Event		
			X	Y	Z	X	Y	Z
I 类探测器								
探头 1	KIS1011MVI	1HRB0504ZL- −4.35 m	0.42 g	0.42 g	0.42 g	0.25 g	0.25 g	0.25 g
探头 2	KIS1012MVI	1HRB0504ZL- −4.35 m	0.42 g	0.42 g	0.42 g	0.25 g	0.25 g	0.25 g
探头 3	KIS1013MVI	1HRA2915ZL- +19.5 m	1.02 g	1.02 g	1.02 g	0.612 g	0.612 g	0.612 g
探头 4	KIS1014MVI	1HLF0120ZL- −9.65 m	0.22 g	0.22 g	0.22 g	0.134 g	0.134 g	0.134 g
探头 5	KIS1015MVI	1HLA3120ZL- +21.0 m	1.02 g	1.02 g	1.02 g	0.60 g	0.60 g	0.60 g
探头 6	KIS1016MVI	1HNX0136ZL- −9.60 m	0.22 g	0.22 g	0.22 g	0.136 g	0.136 g	0.136 g
探头 7	KIS1017MVI	1HNX2918ZL- +19.50 m	1.02 g	1.02 g	1.02 g	0.612 g	0.612 g	0.612 g
探头 8	KIS1018MVI	自由场	0.03 g	0.03 g	0.03 g	0.02 g	0.02 g	0.02 g
II. 类探测器								
1	KIS3011MV-	HNX0136ZL- −9.6 m	/	/	/	0.08	0.08	0.09
2	KIS3012MV-	HNX2918ZL- +19.5 m	/	/	/	0.24	0.24	0.15
3	KIS3013MV-	HLF0120ZL- −9.65 m	/	/	/	0.08	0.08	0.09

3.6.3　内部灾害安全分析

对与内部灾害有关的设计验证和安全分析，需要特别注意评估这类灾害潜在起因的完整性，例如错误对中或电磁干扰，评价由核电厂其他内部或外部事件导致的内部灾害的概率，或可能在纵深防御的多个连续层次上影响 3 大基本安全功能的内部灾害的概率。

内部灾害引起共模故障的可能性可通过安装在位于安全壳厂房之外不同分区的安全系统来最小化，其设计可以在即使特定内部灾害引起某个分区内系统完全丧失的情况下，也不会阻碍 3 大安全功能的实现，假设单一故障的应用与用于参考瞬态、事件及事故的安全分析原则相一致。设计人员必须具体说明针对未被分区布置分隔的安全系统的冗余设备而采取的安装措施。

此外，针对每种内部灾害要进行安全分析，并假设丧失全部受影响的未受保护的设备，且要考虑到参考瞬态、事件及事故相同规定下的最恶劣单一故障和操纵员发出的第一个操作。原则上，不是由这类瞬态、事件及事故引起的内部灾害不应导致划分为事件或事故的电厂工况。否则，设计人员必须证明考虑了发生概率和后果的此电厂工况已被参考事件、事故及多重失效工况的评价所包含。

安全分析中必须考虑到内部灾害之间(如管道破裂引起的水淹或爆炸引起的火灾)以及可能由外部灾害或严重事故引起的内部灾害的联系。

3.6.4　外部灾害安全分析

3.6.4.1　安全要求

设计规定的总体目标是确保将核电厂带到安全停堆状态以及预防和限制放射性释放所需的系统和设备的安全功能不受外部灾害影响。然而，因为外部灾害与厂址相关，因此在标准设计中不需要考虑所有这些灾害；如外部洪水、干旱、结冰和毒气、腐蚀气体或可燃气体等此类外部灾害可以根据厂址情况，在具体的核电厂设计时再进行处理。

在外部事件发生期间需要执行功能的设备必须根据该事件发生期间可能出现的参数范围进行设备鉴定。

3.6.4.2　外部灾害防护和分析的原则

EPR 设计中外部灾害的防护设计基本原则是使用“载荷”的理念。这个理念的运用就是要减少某外部灾害对电厂正常运行及事故运行的影响，并避免其会强化其他灾害带来的影响。

总体来说，制定抵御外部灾害规定的良好的方式是明确载荷情况。明确每项外部灾害的载荷以及构筑物、系统和设备抵御这些载荷需要使用一个合适的方法；对于一些外部灾害，这一方法执行时也须包括事件方法；如有必要，评估外部灾害和内部灾害或内部事件的相关性可以应用功能分析法。

通过如下措施来解耦设计中所考虑的外部灾害与其他事件或与其他灾害的组合：

- 限制灾害对安全功能的影响后果；
- 有的设备部件失效会引起其他内部灾害或外部灾害，设计中需限制灾害导致的上述设备部件失效。

当有的解耦措施无法实施时，应通过灾害分析来确保安全目标的实现。

外部灾害的防护设计过程及安全评价工作包括如下 3 个阶段：

(1) 确定设计基准工况清单。该清单是一个有限的运行工况清单，其代表了不同概率的工况类别，由影响 3 大安全功能的始发事件引起。

(2) 结构和设备设计中考虑每个相关外部灾害的设计载荷。对每个外部灾害而言，设计过程中明确了 SSC 必须抵御的该外部灾害的载荷。必要时还给出了用于评价外部灾害与内部事件或内部灾害之间关联的补充方法，以及用于抵御该类事件的安全措施。在确定需抵御外部灾害的 SSC 清单时，将外部灾害分成了两类：

1) 一类灾害(如：地震)，是在电厂的设计中确保由此类灾害引起的所有工况被 DBC 工况包含，且在此类灾害的防护设计中，用于缓解 DBC 工况及包容放射性物质的设备已受保护(除了那些失效但不损害放射性释放验收准则的设备)。

2) 另一类灾害是，其防护设计只是局部的(如：飞机撞击)。这种情况下，防护缺失的部分应通过概率论方法或设备失效后果分析来进行判断是否会有影响。

(3) 有些安全级设备对有些外部灾害的防护不充分，设计中证明由此导致的放射性后果仍保持在放射性后果目标范围内。

由于反应堆寿期内潜在气候变化评价的不确定性，EPR 原始设计中保证了电厂运行期间的适应性，允许超出初始考虑的气候变化情况出现。

潜在的气候变化的考虑主要是以下 3 方面：

• 在设计阶段的评价中包括附加裕量；
• 评价对电厂实施改进的可行性；
• 评价对电厂运行的可能改变。

应对电厂开展针对气候变化相关灾害的适应性分析。

3.6.5 内外部灾害安全特性

从灾害安全分析可知，灾害安全是从纵深防御的第一层次出发作为设备鉴定和构筑物载荷设计来考虑的，一般无需专门的设备甚至系统设计来防御和缓解内外部灾害的威胁，但是仍有一些专门用于灾害应对的系统和设备。这就需要对内外部灾害安全分析报告进行梳理，识别需要在核电厂运行阶段进行管理的系统和设备。对于确需进行灾害运行安全管理的系统和设备定义灾害安全特性，通过灾害安全运行导则(见下一节)进行管理。

梳理和识别主要从下述两个角度考虑。

(1) 灾害的类型：

• 首先灾害本身是否是永久的，若灾害仅周期性间歇存在，如热浪，这类灾害被称为非永久性灾害，通过专门的程序和预案进行管理，相关的设备也不需定义灾害安全特性，因此不纳入灾害安全运行的管理。

• 其次灾害本身是否是可预测的，若是可预测的，如通过气象预报台风和超强台风，这类可预测性灾害通过专门的程序和预案进行管理，相关的设备也不需定义灾害安全特性，因此不纳入灾害安全运行的管理。

(2) 用于应对灾害的设备：

• 安全分级的能动设备：根据 EPR 系统和设备功能分级的规则，用于灾害应对的系统和设备是 F2 分级的核安全设备。目前非能动设备如构筑物、门等也未纳入灾害安全运行导则的管理。

- 灾害安全特性是否用于 DBC/DEC 安全分析：若灾害安全分析需要设备的安全特性也用于 DBC/DEC 安全分析，由于 DBC/DEC 安全分析对设备的功能要求不低于灾害安全分析的需求，因此这类灾害安全特性不再重复要求。

通过上述梳理和识别，仅内部火灾（核岛部分除外，已在 OTS 中要求）、内部爆炸、外部爆炸和内部水淹灾害安全分析所需的核安全相关设备应定义灾害安全特性并在灾害安全运行导则中进行管理。

3.6.6 内外部灾害安全运行导则

《台山核电厂 1、2 号机组内外部灾害安全运行导则》为技术纲领性文件，包括对能动设备可用的要求、不满足要求时需采取的措施（第 3 组事件），以及为确保设备可用需执行的定期试验，即包括两大部分：内外部灾害运行技术规范（简称“灾害 OTS”）和灾害定期试验。

3.6.6.1 “灾害 OTS”

“灾害 OTS”的作用：

- 规定了各运行模式下用于内外部灾害预警、缓解或防范的灾害安全特性的可用性要求；
- 规定了所要求的灾害安全特性不可用时应采取的纠正或缓解措施。

“灾害 OTS”仅考虑了内部火灾、内部水淹、内部爆炸和外部爆炸等 4 种灾害。其他灾害由常规应急程序或预案或其他特殊程序进行管理并确保电厂核安全的纵深防御。灾害安全特性的清单见表 3.15，其中内部火灾因被现有 OTS 覆盖，故未列出相关安全特性。

表 3.15 内外部灾害安全特性

内外部灾害	安全特性编码	灾害安全特性名称
外部爆炸	EE-SF-01	外部爆炸防护
内部爆炸	HDA-SF-IE	第 1 列应急柴油机厂房内部爆炸防护
	HDD-SF-IE	第 4 列应急柴油机厂房内部爆炸防护
	HK-SF-IE	第 4 列燃料厂房内部爆炸防护
	HLA-SF-IE	第 1 列安全厂房内部爆炸防护
	HLB-SF-IE	第 2 列安全厂房内部爆炸防护
	HLC-SF-IE	第 3 列安全厂房内部爆炸防护
	HLD-SF-IE	第 4 列安全厂房内部爆炸防护
	HNX-SF-IE	核辅助厂房内部爆炸防护
	HQA-SF-IE	废物厂房内部爆炸防护
	DVD-SF-09	蓄电池房间排风
	DVL-SF-05	蓄电池房间排风

续表

内外部灾害	安全特性编码	灾害安全特性名称
内部水淹	HL1-SF-IF	第1列安全厂房水淹探测和缓解
	HL2-SF-IF	第2列安全厂房水淹探测和缓解
	HL3-SF-IF	第3列安全厂房水淹探测和缓解
	HL4-SF-IF	第4列安全厂房水淹探测和缓解
	HRA-SF-IF	反应堆厂房水淹探测和缓解
	HRB-SF-IF	安全壳环廊水淹探测和缓解
	HK1-SF-IF	第1分区燃料厂房水淹探测和缓解
	HK4-SF-IF	第4分区燃料厂房水淹探测和缓解
	HNX-SF-IF	核辅助厂房和废物厂房水淹探测和缓解
	HQB-SF-IF	放射性废物处理厂房水淹探测和缓解
	HPA1-SF-IF	第1分区重要厂用水泵房水淹探测和缓解
	HPA2-SF-IF	第2分区重要厂用水泵房水淹探测和缓解
	HPC3-SF-IF	第3分区重要厂用水泵房水淹探测和缓解
	HPC4-SF-IF	第4分区重要厂用水泵房水淹探测和缓解
	HDA-SF-IF	第1列应急柴油机厂房(含SBO)水淹探测和缓解
	HDB-SF-IF	第2列应急柴油机厂房水淹探测和缓解
	HDC-SF-IF	第3列应急柴油机厂房水淹探测和缓解
	HDD-SF-IF	第4列应急柴油机厂房(含SBO)水淹探测和缓解
	HOF-SF-IF	消防水池及泵房水淹探测和缓解
	HHQ/R/S/T-SF-IF	HHQ/R/S/T水淹探测和缓解
	HPX-SF-IF	循环水泵房水淹探测和缓解
	HHU/X/Y/Z-SF-IF	HHU/X/Y/Z水淹探测和缓解

“灾害OTS”应与现有OTS同时执行，若“灾害OTS”与现有OTS有矛盾，优先执行现有OTS的要求和有关措施。若要求的灾害安全特性的不可用会导致现有OTS的安全特性不可用，同时应执行现有OTS的有关事件和缓解措施。

“灾害OTS”仅用于正常运行。事故情况下(除非FB事件)不再执行“灾害OTS”。执行FB事件程序时，除了标记为FB的事件外，“灾害OTS”仍然适用。

遵守“灾害OTS”是为保证机组在整个寿期内对内外部灾害安全的坚定不移的原则。“灾害OTS”为电厂内部管理要求，不用通过NNSA评审。当无法遵守“灾害OTS”或遵守“灾害OTS”对核安全有不利影响时，必须进行专门分析，尤其是风险分析和缓解措施。

“灾害OTS”事件定义为第3组事件，仅有维修期限和/或缓解措施，没有后撤：根据是否失去冗余，规定30天/14天/7天的维修期限。“灾害OTS”事件无需累积，也不影响反应堆状态转换。“灾害OTS”事件的可用性定义、事件类别等与现有OTS一致。

下面以外部灾害中的外部爆炸为例进行说明。

外部爆炸属于外部灾害的一种。外部灾害是指来源于厂区外的事件，这些事件可能使安全相关厂房或安全相关厂房内的设备处于不利工况甚至造成损坏，可能因此导致用于达到或维持机组安全状态的系统发生共模故障。外部灾害可能相继或同时损坏纵深防御的不同层次。

作为设计的基本原则，外部灾害是作为载荷来考虑的，可通过缓解外部灾害的后果或通过增加相关的其他灾害的设计载荷来消除其影响。

外部爆炸可能由人类活动导致，也可能是自然原因，如厂址附近的工业环境（燃油或燃气设施等）和相关运输路线（铁路，海运和河运等）。

根据 FSAR §3.3.4，外部爆炸的载荷为具有最大超压 10 kPa 和持续时间 300 ms 的阶梯前置三角压力波，它代表了一个爆炸波。反应堆厂房、燃料厂房、安全厂房、应急柴油机厂房、重要厂用水泵房、核辅助厂房、放射性废物厂房、循环水泵房、消防水池及泵房和相关廊道的设计均需考虑该载荷。只有压力波通过厂房的开孔进入厂房才可能影响其中的设备，因此相关开孔需安装防爆炸压力波（EPW）风门。

因此，将这些风门定义为两个灾害安全特性 EE-SF-01（包括 DFL、DVD、DVL、DVS 系统的 EPW 风门）和 EE-SF-02（包括 DVP 和 DVU 系统的 EPW 风门），防止外部爆炸压力波在安全相关厂房内传播。电厂通过定期目视检查来确认这些风门满足其设计的功能要求（可关闭）。

因每个相关开孔仅安装一个 EPW 风门，若其不可关闭（即不可用），认为相应灾害安全功能失去，为第 3 组事件，需在 7 天内完成维修。

3.6.6.2　灾害定期试验

根据系统设备功能分级规则，用于灾害应对的设备应为 F2 级，这就要求通过试验验证其可用性。灾害定期试验的目的是确保“灾害 OTS”要求设备的可用性。若灾害相关设备已被安全相关定期试验监督大纲的项目覆盖（如外部爆炸相关的 EPW 风门），则不重复定义灾害相关试验项目。因此在灾害安全运行导则里，仅有内部水淹、内部火灾和外部爆炸的相关设备定义了灾害安全准则和有关试验项目。

经分析，灾害定期试验仅为阀门/风门的开关操作性验证，不会产生 OTS 第 1 组事件，也不会导致进入 EOP。

灾害定期试验也是核安全相关的试验，遵守同样的管理规定。

参考文献

[1] EPR FSAR
[2] EPR TG
[3] TS-X-NIEP-NPTJS-DC-83
[4] TS-X-NIEP-PEPM-G-2011-en-20007
[5] TS-X-NIEP-PEPM-G-2011-en-20015
[6] TS-X-NIEP-PEPO-F-DC-20054
[7] TS-X-NIEP-PEPM-G-2011-en-20002
[8] TS-X-NIEP-PEPS-F-DC-20004
[9] TS-X-NIEP-PEPO-F-DC-20035
[10] TS-X-NIEP-PESS-G-2011-en-20021
[11] TS-X-NIEP-PEPM-G-2011-en-20003
[12] TS-X-NIEP-NPTJS-DC-54
[13] TS-X-NIEP-PEPM-G-2011-en-20004
[14] TS-X-NIEP-NESS-F-DM-20117
[15] TS-X-NIEP-NEPS-F-DC-20078
[16] TS-X-NIEP-PEPO-F-DC-20123
[17] TS-X-NIEP-PEPO-F-DC-20163
[18] TS-X-NIEP-PEPO-F-DC-20163
[19] HAF 102-2016 核动力厂设计安全规定
[20] HAF101 核电厂厂址选择安全规定
[21] HAD 101/09 滨海核电厂厂址设计基准洪水的确定
[22] 台山核电厂 1、2 号机组最终安全分析报告
[23] 我国沿海核电厂地震海啸风险论证国家海洋局 2011 年
[24] 台山核电厂海啸数值模拟计算及影响评估研究报告
[25] TS-1-NIEP-NEEC-G-2009-en-20011 A CFC Verification of Design Response Spectra for Reactor Building Complex-Site Specific Seismic Excitation 0. 18g
[26] TS-0-OTSS-EALLXXXECDZER001 A CFC 台山核电厂工程多方案概率地震危险性分析
[27] KIS SDM